【文庫クセジュ】

時間生物学とは何か

アラン・レンベール著
松岡芳隆/松岡慶子訳

Que sais-je?

白水社

目次

まえがき

生物リズム（生体リズム）について概説した《文庫クセジュ》のこの第七改訂版を故ジャン・ガータに捧げる。彼とは旧版を共同執筆した。時間生物学のパイオニアの一人であり、優れた人物であった彼のことが偲ばれ、あらためてここに敬意を表する。三〇年にわたる彼との共同研究は、深夜に及ぶこともしばしば。この間、時間生物学に対して懐疑的であった周囲の人びととの戦いもあったが、長年にわたる熱意は二人のあいだに絆を作り、強固なものに育てていった。本書や五〇件以上にのぼる研究論文は、一九五三年から八一年のあいだに二人が共に歩んだ道の証でもある。

時間生物学の目的は生命体の時間構造の研究であるが、それは必然的に周期性プロセスについて考えることを意味する。本書の初版が出版された一九五七年には、時間生物学に関心を示す研究者はほとんどいなかった。興味をもって開拓すべき分野というより、むしろ風変わりな好奇心の対象としかみられていなかったのである。

単細胞真核生物からヒトに至る生物のすべてを対象に、長時間にわたり計量化した詳細な試験を行なうと、測定可能な多くの活動の現われ方が、時刻によって一定ではないことがわかる。同じ一つの生理現象も、活動が昂進している時期と低下している時期が交互に定期的に現われる。これが生物リズムあるいは生物周期変動であるといってよいだろう。リズムのなかでも、よく知られているのが睡眠・覚醒の交替、多くの植物種にみられる開花と結実の季節性、および種々の動物の生殖でみられる季節的な特徴である。周期が約二四時間の概日リズム（サーカディアンリズム）や約一年の概年リズム（サーカニュアルリズム）が存在することから、地球の自転や公転と結びついた環境の周期現象との関わりが考えられる。地球環境のリズムと生物リズムとのあいだの関係については、一九五四年以前はあまりよく理解されていなかった。古くから生物リズムが報告され、記述されてきたにもかかわらず、この分野で科学的な研究が行なわれるようになったのは比較的近年のことである。生物周期現象が量的生物学に組み入れられたり、時間生物学が独自の目的と方法論を持った学問領域として認識されるようになったのは、一九六〇年代に入ってからである。初版のあと旧版は改訂を重ねたが、その都度、それまでに報告された重要な研究成果はもちろん、考え方やコンセプトの進展も内容に反映させてきた。時間生物学が単に生物学の新しい分野であるだけでなく、あらゆる学問領域に関連し広がっていることから、本書に盛り込むべき事柄の選択とそのやり方について、しばしば思い迷った。生物リズムの基本的性質に関する研究領域を例にとると、今日では実験的な裏づけによって、仮説が妥当か否かを検証できるので、重要なテーマの選択は以前に比べ容易になっている。

文庫クセジュの理念に従い、《時間生物学入門》ともいえるこの小冊子のなかに現在までに知られていることを総括した。本書は生物リズム研究の手引きに過ぎないが、フランス語版のほか、英語、スペイン語、ポルトガル語、日本語に翻訳出版され、それなりの意義があったと思う。しかし、著者がすべての研究活動を生物周期性の研究に捧げたといっても、現在では究めるべき知識の量があまりにも多く、こうした著作を企画すること自体が野心的過ぎるように思われる。記述内容について重大な批判を招かないためにも、著者らが主に研究してきた領域、すなわちヒトの時間生物学の分野について多くの頁を割くことにした。

改訂に当たっては、集大成の必要と理解しやすさをあわせて確保するため、内容と構成を一新することにした。旧版のいわば《骨董的な魅力》ともなっていた逸話的な部分をあえて犠牲にして、新しい図表や新たに得られた膨大な知見の総括を加えた。本書は、第一章「基本概念と定義」、第二章「生物リズムの基本特性と時間構造」、第三章「応用時間生物学」の三部から構成されている。

第一章　基本概念と定義

I　生物リズム（生体リズム）研究の歩み

古代の人びとは、その深い洞察力によって周期性の意味する重要性を捉えていた。天地の創造は光と闇の分離から始まる。聖書には「種を蒔くに時あり、刈り入れに時あり、……生きるに時あり、死するに時あり……」と記されている。古代ギリシアの医師ヒポクラテスは、病理的プロセスの周期変動を研究する時間病理学の父であるといっても間違いなかろう。アリストテレスや古代ローマの自然科学者プリニウスも、海産動物がリズムを示すことを報告しており、他にも多くの人びとが同様の観察をしている。

一部の物理学者にとって、「時」はもはや実在せず想像上のものになっている。生物学者の場合ばかりでなく、西洋と東洋とでは文化の違いによって時の表現の仕方が異なる。西洋文化では、時を砂時計の砂の流れによって象徴されるような直線的で持続した過程とみるが、東洋文化にとっては、時とは振り子の振動あるいはらせん運動によって象徴されるように、非直線的な周期性の過程である。そのため、中国やインドの伝統医学は実証されなくても生物リズム（生体リズム）の存在を認めていたのである。一方、ヨーロッパでは、生物の周期現象が記述されるのは十八世紀に入ってからであり、観察に加えて信頼性の高い測定機器が利用されるようになったことがその背景にある。一七九〇年のラボァジエの天秤（体重のリズム）、一七七三年のマーチンおよび一八四五年のデイヴィの温度計（体温のリズム）、ホイヘンス（一六七五年）とハリソン（一七三六年）による狂いのない正確で持ち運びのできる時計などがその例である。人類が陸海を自由に往来できたのも、時間の計測が可能になったからである。移動性の生物、なかでも鳥類が生物時計（体内時計）を利用して太陽や星との位置関係からおのれの現在位置を測定するのは（パーマー、ホフマン）、無線通信や衛星のない時代に船乗りがやっていたこととまったく同じである。

ドルトゥ・ドゥ・メランはヘリオトロープを「暗所に閉じ込め」ても、この植物の運動が持続することを一七二九年に報告している。一七五八年には、デュアメル・デュ・モンソー(1)が暗所に置いた植物に日周リズムが残っていることを記述し、この現象が室内温度と無関係であることを明らかにした。一八三二年には、ドゥ・カンドル(2)がオジギソウの葉の運動について同じような結果を得ている。さらに彼は、恒常環境ではリズムは持続するものの、周期が二四時間からずれることを示し、最初の自由継続実験を行なった。一八七五年にはペッファーがまったくの暗闇である完全暗のなかでも操作できる連続記録法を利用して、これらの結果が正しいことを追認した。

（1）フランスの農学者（一七〇〇～一七八二年）。一七三六年、初めてソーダを調製したことでも知られる。

（2）**Augustin Pyrame de Candolle**（一七七八～一八四一年）。スイスの植物学者で、*“Théorie élémentaire de la botanique”*(1813)の著者。

ビュニングが一九三五年に行なったベニバナインゲンの突然変異体の交雑実験によって、生物リズムに遺伝性のあることが示唆された。アカパンカビやショウジョウバエの概日リズム（サーカディアンリズム）の周期を制御する遺伝子が、フェルドマンやコノプカ、バルジェロ、レディによってそれぞれ同定されたのは一九八〇年代である。

一八一四年にはヴィレが「一種の生き時計」について言及するなど、生物時計に関する仮説は比較的以前から提唱されていたが、この仮説を決定的にしたのはなんといってもビュニングが一九五三年に行なった実験である。植物は自らの生物時計を用いて、昼と夜の時間やそれらの季節変動を「測定」し、開花によって適切に応答している。一九七二年、ステファンとムーアは、視交叉上核が哺乳類の生物時計の一つとして機能していることを推定させる初めての実験結果を報告した。

一九五三年にはハルバーグとアショフによって、いくつかの環境因子の周期変動が生物リズムを補正する（たとえば二四時間という値を与える）一方、生物時計を一定の時刻に合わせることが明らかにされた。これらの環境因子は、同調因子またはツァイトゲーバー（時刻を伝えるものの意味。告時因子）と呼ばれている。

一九六〇年代になると生物周期現象の研究は、アショフやピッテンドリによる生物リズムの特性の定義づけ、ヘィスティングス、シュワイガー、エドマンズ、ファンデン・ドリッシェ、レンジングによる分子レベルにおけるメカニズムの研究や、ハルバーグ、デプリンスによる時系列解析の統計的手法の開発によって量的生物学の領域へと足を踏み入れる。

薬剤の効果が投与時刻によって変動するという仮説は、一八一四年にヴィレがすでに提唱していたが、イェレス（一九三五年）、メンツエル（一九四四年）、メェラーストレム（一九三八年）といったパイオニアたち（彼らは国際時間生物学会の創設者でもある）により再び取り上げられた。しかし、時間薬理学および関連するすべての概念が構築されたのは、一九六〇年代のハルバーグならびにレンベールの研究業績によるものである。さらに、今日では受け容れられていることであるが、時間生物学は、それ自体の目的と独自の研究方法を持ったまったく独立した学問分野であるという考えを、彼らは絶えず主張し擁護してきた。

ここで疫学、公衆衛生学、労働医学、小児科学、臨床生物学など、それぞれの分野に関連して時間生物学における新領域を開拓した創始者として、スモレンスキー、ヒルデブラント、ルーテンフランツ、ヘルブリュッゲ、トゥイトゥ、ハウスの名前を挙げておく必要があろう。

II　生物学における基本的な問題——どこで？　どのようにして？　いつ？

リズムの研究によって、生物学に時間というきわめて重要な概念が導入されることになった。古典的な解剖学や組織学は、現象を生体の場所に位置づけることを目的とし、現象が起きる場所を局在させ、その範囲を定める。巨視的、微視的および超微視的な解剖学は「どこで？」の問いに対する答えを見つけようと努める。生理学、生化学、生物物理学は「どのようにして？」の問いへの解答を探し求め、そのためこれらの学問領域では、生物物理学や分子生物学の近代的な手法が駆使されている。しかし今日では、「どこで？」や「どのようにして？」の問いに対する答えだけでは、断片的な見方しかできない。これを補完するのが、研究の対象とする現象に見られるリズムの解析である。なぜなら、それによって生理学的および生物学的時間尺度で、活動のピークと谷の位置を確定できるからである。いいかえれば、「いつ？」の問いへの解答方法を提供するのが時間生物学である。もちろん「どこで？」、「どのようにして？」、「いつ？」の三つの問いへの答えはつながっており、互いに補完しあっていることはいうまでもない。

第四の問いとして「なぜ？」があるが、これはきわめて厄介である。答えるためには仮説をたてる必要があるが、往々にして仮説を実験によって証明できない場合がある。答えは正しいかもしれないが、間違っている可能性もある。しかし、敢えて「なぜ？」の問いに答えるべく挑戦してみることにしよう（一〇一～一〇五頁参照）。

Ⅲ　生物リズムの特徴
――周期、位相（頂点位相）、振幅、リズム平均水準（統計計算、コンピュータ・プログラム、スペクトル分析、コサイナー法）

規則的で予測可能な変動は、まずは大まかに周期関数とみなすことができる。リズムの近似法として最もよく用いられるのは正弦波形の関数である。生物学者は一つ一つの振動を測るにあたって、測定時点の数を制限せざるをえないことがよくある。変動の周期が約二四時間の例では、測定時点は五ないし

図1クロノグラム（上図）とコサイナー法（下図）によるリズム解析の例

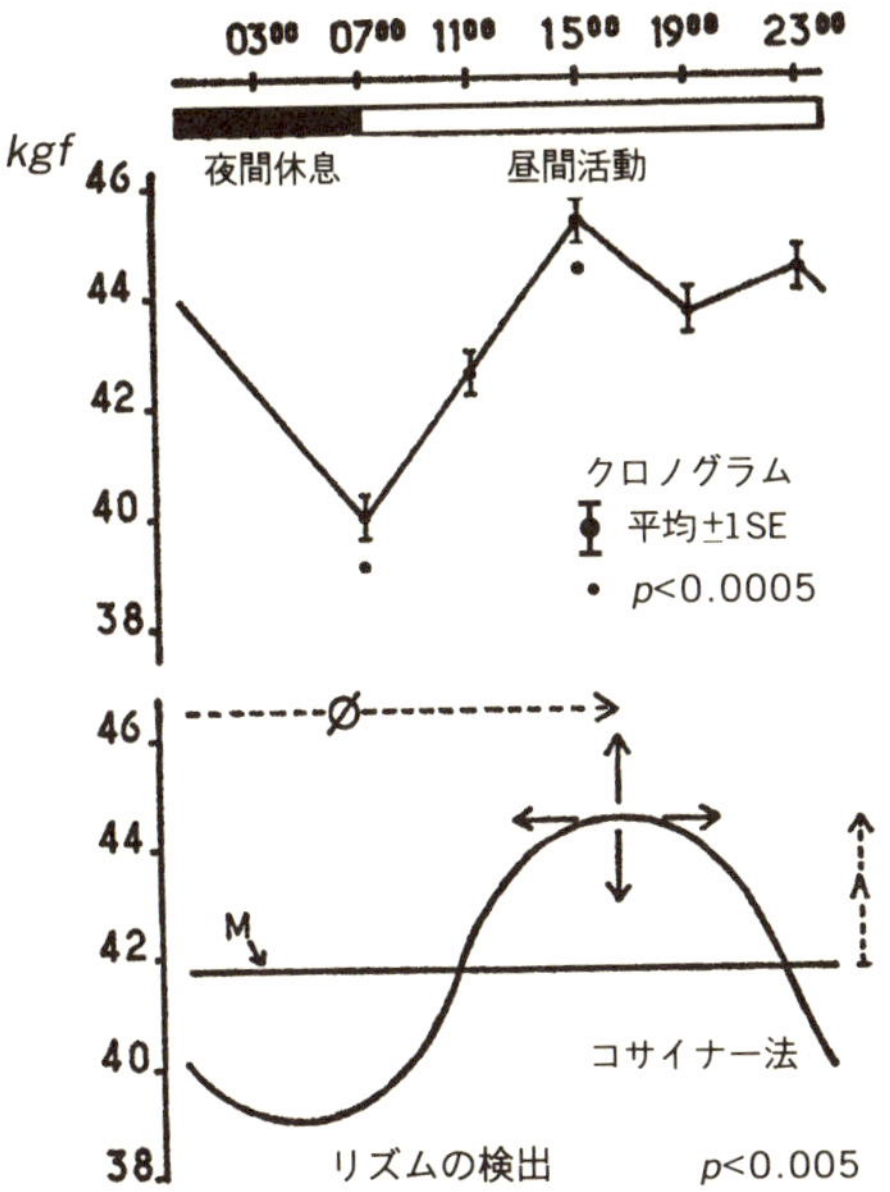

標準条件下で測定した右手握力の概日リズム．それぞれの結果は連続3回測定した値の平均．単位はkg／force （1 kg f = 9.8 ニュートン）

0700時から2300時まで昼間活動，夜間休息に同調した健常成人9人について0700，1100，1500，1900および2300時の定刻に測定．測定値の平均（± 1SE）を時間の経過に応じてプロットすると，クロノグラムを描くことができる．この場合には，1500時頃にピーク，0700時頃に谷が現われる．こうして描かれた線はほぼ正弦曲線の波形を示す．

同じ測定値をコサイナー法で処理．この例ではリズムの平均周期τを実験条件によって補正（$\tau = 24$時間）．測定値に最も近い正弦関数を求めるため最小2乗法を用いた．したがって，複数のパラメーター（τ以外）を統計的に推定することでリズムの特徴が把握できる．各々のパラメーターは95％信頼区間内の平均値として表わされる．これらの特徴的なパラメーターが頂点位相ϕで，近似する関数の頂点（最大値）の推定値に対応する．ϕは深夜12時を位相の基準とした時刻で示す．被験者の握力のϕは約16時であった．振幅Aはリズム平均水準（メサー）Mの両側で関数の変動に一致する．M = 41.8kg／force，A = 2.8kg／force．

さらにコサイナーからリズムの検出水準を知ることができる．ここでは$p<0.005$であるが，このことはAがゼロでない確率が99.5％以上であることを意味する（レンベールとガータによる）．

六か所の場合がある（一五頁図1、三二頁図3参照）。

この正弦関数による近似法には、周期τ、頂点位相ϕ、振幅A、リズム平均水準（振動幅の中央値）、すなわちメサーMといったパラメーターを推定することにより、リズムの特徴づけや計量化ができるという利点がある。ハルバーグは、受け容れ可能な統計上の信頼度を示す信頼限界（一般に信頼限界は九五パーセント信頼度で与えられる）を伴ったパラメーターを一つ一つ推定するために、特別のコンピュータソフトを使うことを提案した。これを行なうには、まず最小二乗法によって測定値の時系列に存在する振動に最も近似の正弦関数を求める。生理的変数を一つ取り上げ、周期が約二四時間の概日リズムをみると、時系列は縦断的、横断的、ハイブリッドの三つのタイプのデータ標本で構成されているのがわかる。縦断的データ標本は、たとえば同一の個体について四時間ごとに一〇日間測定した測定値に相当し、横断的データ標本は一〇個体について四時間ごとに二四時間行なった測定値である。ハイブリッドデータ標本は縦断的データ標本と横断的データ標本の中間に位置する。これら三つのタイプのデータ標本からは同じような結果が得られるが、ある特定の個体について研究する場合は縦断的データ標本のほうが有利であり、個体群についての研究では、横断的データ標本のほうが興味深いといった相違がある。

これら一連の測定値に対応する曲線は次の関数で示される。

$$y_t = M + A\cos(\omega t + \phi)$$

tは時刻、ωは周期がτのときの角速度（$2\pi/\tau$）に等しく、Aは振幅、Mはリズム平均水準（メサー）またはリズムの補正水準、ϕは位相を示す。

リズムを計量化するために最初に推定しなければならないパラメーターは周期τである。長い日数をかけて記録した生理的変数の周期性振動を解析すると、複数の周期が混在していることがわかる。たとえば、心臓の活動は約一秒、約二四時間、約一年の周期を持つリズムに従う。周期性振動を構成しているさまざまな周期を推定するにはフーリエ変換を行なえばよい。しかし、生物学領域でしばしば起こるデータ不足の問題には、デプリンスが考案した計算ソフトを用いて対応する。このようにして行なう**スペクトル分析**（またはパワースペクトル）は、プリズムによる白色光のスペクトル分析に喩えられる。すなわち、周期τのそれぞれ支配的な測定値は、生物リズムの三大スペクトル領域に分類できる。生物学者も物理学者のように、これら三つの領域には、周期（τ）そのものより、むしろ周波数（$f=1/\tau$）にちなんだ名称をつけている。すなわち周期（τ）が二四時間に等しいか、またはそれに近いもの（原則として二〇時間から二八時間の間）を、**概日リズム**または**中周波リズム**領域に区分する。数分の一秒、数分または数時間のオーダーより短い周期の振動は**高周波リズム**領域に位置づけるが、この領域のスペクトルはまた**ウルトラディアンリズム**のスペクトルともいう（「ウルトラディアンリズム」という造語は、可聴音波より短い波長を意味するウルトラソニックや、紫色光よりさらに短い波長を意味するウルトラバイオレットにならって造られた）。**低周波リズム**または**インフラディアンリズム**は周期が数日（雌ラットの発情サイクル）、約七日、約一か月（概月リズム）、約一年（概年リズム）というオーダーの生物学的振動にみられる。表1はいくつかの生理的変数についてスペクトル分析をした結果をまとめたものである。サーカはラテン語で「およそ、約」を意味する接頭語であるが、この言葉が妥当なものとして使われるのには二つの理由がある。まず統計学的にいえば、周期は推定値、すなわち信頼区間内での平均値に過ぎない。生物学的な立場からいえば、周期の値は実験条件、とくに《自由継続》研究のように、生物を同調因子の影響から完全に隔離すると変化しうるものである。こうした理由から、周期がそれぞれ二四時間、一か月、一年に等しいか、それに近い内因性の強い生物周期現象を表わすためにサーカディアン（概日の）やサーカニュアル（概年の）などの形容詞が用いられる。

支配的な周期が一つ明らかになっている場合には、この周期については、他のパラメーターの推定に移る。

頂点位相とは、検討対象とする周期について、リズムが経時変動するなかで基準位相ϕ_0に比べて極大となる時間的位置を示す。概日リズムでは、頂点位相は二四時間スケールにおける時と分で表す。頂点位相は、またリズムの近似値を求めるために用いる正弦関数の最大値の位相角と定義され、ϕは常に基準位相との比較で示す。概日リズムの場合、基準位相はローカルタイムの零時である。位相の基準とし

表1　ヒトの生物リズムのスペクトル分析

リズムの例	スペクトルの領域		
	高周波または ウルトラディアン （τ < 20 時間）	中周波または サーカディアン （20 時間 ≦ τ ≦ 28 時間）	低周波または インフラディアン （τ > 28 時間）
	τ	τ	τ
橈骨動脈拍	～1 秒	～24 時間	～1 年
体温 （dig. ＝ 指頭温, or. ＝ 口内温, rec. ＝ 直腸温）	～1 分 (dig.)	～24 時間 (dig, or., rec.)	～30日（成人女性） ～7 日および 1 年 （成人男女） (or., rec.)
血漿コルチゾール	～45 および 90 分	～24 時間	～30 日
血漿テストステロン	～90 分	～24 時間	～1 年
性行動（男性）	～8 時間	～24 時間	～1 年
摂食行動 （小児，成人男女）	?	～24 時間	～1 年

τ ＝周期

クライトマン，ハルバーグ，ゴートリー，ファン・コーター，レンベール，ガータ，ラゴゲ，ドゥブリ，ワイツマンの研究データによる．

て、同一の周期を持った他の生理的変数の頂点位相を用いることもある。たとえば、体温の概日性ピークは睡眠の中頃、あるいは入眠時に現われる。

振幅Aは、検討対象とする周期内におけるリズムの全可変幅の半分と定義される。いいかえれば、頂点位相φの時点と、その逆の時点での測定値の差であり、頂点と谷との間の差は振幅の二倍に相当する。

リズム平均水準すなわちメサーMは、検討対象とする周期のリズムの補正水準に相当する。したがって、τに等しいかそれ以上の時間Tのあいだに、できる限り近づけた等間隔（Δt）測定を行なった場合には、メサーは算術平均に一致する。

コサイナー法にも、他の同様の方法にも、危険率五パーセント以下（p＜〇・〇五）で振幅がゼロでない検定を行ない、検討対象とする周期にリズムが存在するのか、あるいは検出できないのかを知ることができるという利点がある。もし振幅がゼロであれば、当然ながらリズムは検出されない。

本書に記載したデータの多くは、コサイナー法により処理したものである。しかしこの方法は、測定値を単にプロットして描いた線がしばしば正弦曲線とかけ離れることがあるという理由から、単独で用いられることはなく、また使用時には若干の注意が必要であることを付記しておく。

したがって、時間の変化に応じて測定値を単純にプロットして（このようにして作成されたグラフをクロノグラムという）、時系列の解析を始めることが不可欠となる（一五頁、図1参照）。統計計算によって各測定時点における平均または中央値や標準偏差を求めることで、さらに突っ込んだ解析ができる。観察された差はスチューデント[1]のt検定やANOVA[2]など統計上の検定の対象となる。

（1） t検定の基となったt分布の発見者ゴセット（一八七六〜一九三七年）がStudentのペンネームで研究論文を発表していたことから、この名で呼ばれている。

（2） 分散分析（ANalysis Of VAriance）の略。データの有意性を検定するために用いられる統計手法。

時系列が、長時間にわたって頻繁に測定された値（たとえば、Δt＝五分、T＝四八時間）で構成されている場合、物理学で使われる方法に近い数学的な解析方法や統計解析法を用いることができる。こうした状況は時間生物学ではとくに恵まれた場合であるが、それによって系の安定性が証明されるので、平均の周りの分散の特徴が明らかとなり、生物周期現象の波形が推定できる。もちろん波形は、調和関数やフーリエ解析を基に考案された方法を使って知ることができる。変動の波形を知ることによって、正弦曲線という比較的大ざっぱな表示が避けられれば、統計計算の持つ重要な利点を保ちながら、生物周期現象の記述をさらに満足ゆくものにすることができる。

残念ながら実験上の困難さから、生物学者は理想とするような時系列をなかなか手にすることができない。これがクロノグラム法あるいはコサイナー法のような方法や、ときには個々の時系列の単純な観察が、いまだに広く利用され役に立っている理由なのである。デプリンスがいうように、数学的および統計的解析方法を用いるにあたっては、どれを選択するかを測定条件と得られた時系列の性質とを考慮して決める必要がある。

Ⅳ 生物の時間構造

——生物周期性のスペクトル領域（ウルトラディアンリズム、概日リズム、インフラディアンリズム）

——時間生物学の定義

生物周期性を三つのスペクトル領域によって特徴づけることができる。すなわち、周期が約二四時間しそれ以上のインフラディアンリズムである（一九頁、表1参照）。周期が数日、一ないし数か月、一年ないの概日リズム、これより周期の短いウルトラディアンリズム、周期が数日、一ないし数か月、一年ない

生理的変数の一つ一つが、それぞれの領域に支配的な周期を一つ以上持っているため、研究するに当たって何を調べているのか、あるいは考察しているのかを明確にすることが不可欠である。たとえば、副腎皮質の分泌活動は、周期が四五分および九〇分オーダーのウルトラディアンリズム（ワイツマン、ファン・コーター）、約二四時間の概日リズム、および約一年の概年リズム（ラゴゲ、レンベール、ハウス、トゥイトゥら）を示す。同じくヒトでは体温の変動がウルトラディアン、サーカディアン（概日）、インフラディアンの各領域で現われる。新生児のリズム活動は他の哺乳類と同じように、とくにウルトラディアン領域に位置づけられる。すなわち新生児（仔）の場合、調べた生理的変数の大部分で、リズムは約九〇分周期の領域でのみ統計的に有意に検出されている。これに対し、健常成人では、同じ変数がウルトラディアン成分を保持しながら、概日リズムの領域で統計的に有意にリズムを現わしている。これらの例から、混乱を避けるためには、関連するスペクトル領域を明確にしなければならないことが理解されよう。このスペクトル分析が**生物の時間構造**（**または時間体制**）を理解する最初の手がかりとなる。

それぞれのスペクトル領域、すなわち着目する支配的な周期一つ一つについて、生物周期性が持つその他の特徴的なパラメーター、とくに頂点位相を用いて、生物の時間構造が持つ第二の特徴を明らかに

することができる。概日リズム（いうまでもなく最もよく知られているスペクトル領域である）を例にとって、生理的変数の頂点位相が二四時間スケールでどの位置に分布するのかを調べてみると、変動の**ピーク**（**最大値**あるいは**頂点位相**）が無秩序に分布しているのではなく、**時間体制**に一致していることがわかる。

下垂体はＡＣＴＨ（副腎皮質刺激ホルモン）を放出し、副腎皮質からのコルチゾールとコルチゾンの分泌を特異的に刺激する。これら副腎皮質ホルモンは血液中に現われたあと、17-ヒドロキシコルチコステロイド（17-ＯＨＣＳ）の形で尿中に排泄される。コルチゾールは循環血中の好酸球、多くの肝酵素、細胞内カリウム、カリウムの尿中排泄、気管支内径（気管支の開通性）など、いくつかの末梢標的細胞や標的器官に対して働くことがすでに知られている。これらさまざまな生理的変数の頂点位相の分布を調べたところ、ＡＣＴＨ分泌とコルチゾールのそれぞれのピークのあいだにわずかな位相差のあることがわかった。血漿コルチゾールの頂点位相は、カリウムと17-ＯＨＣＳの尿中排泄の頂点位相、気管支の開通性を示す最大呼気流量の頂点位相、および循環血中の好酸球数の頂点位相に、数時間先行する。

この例は、因果関係にある生理的変数とリズムとのあいだに位相の相関が存在することを示すもので、この結果から、時間体制は**生物の時間における形態学あるいは解剖学**に相当するといえよう。**時間生物学とは生物の時間構造とその変動について研究する学問**である、と定義することもできる。

解剖学や組織学は「どこで？」の問いに、空間解剖学すなわち古典的解剖学の言葉で答えようとする。

時間生物学は、「いつ?」の問いに時間解剖学の言葉で答えようとするものである。ここであらためて論点をまとめてみよう。

①解剖学者、組織学者、あるいは時間生物学者の観察したことを記述しようとする努力は不可欠ではあるが、それは知るための第一段階に過ぎない。

②生物を空間的および時間的に探究して得られた知識は、対立するものではなく、互いに補完しあうものである。「どこで?」と「どのようにして?」の問いへの答えは、「いつ?」の問いに対する答えとつながる。「どこで?」や「どのようにして?」の問いへの答えのみを重視して時間構造の存在を無視することは、今日では、生物学において途方もない誤りをおかす危険をはらんでいる。

ところで生物の時間構造には、また生物学的時間が介在する第三の側面も指摘できる。それは**発生**、**成長**、**老化**に関連するもので、単に特定の種の個体あるいは個体群に限定されず、その種の進化をも包含する。このことは、生物学のすべての専門領域とあらゆる分野において、時間次元が考慮されねばならないことを意味する。

V　環境の同調因子と生物の同調

概日リズムと昼夜すなわち明暗の交替とのあいだに関連があるといっても、今日では驚く人はいないだろうが、地球の自転と概日リズムとのあいだの関係が十分に理解されるようになるまでには、幾世紀もの歳月と膨大な科学的研究が必要であった。問題を提起し、それを解決するための実験法を開発した先駆者である植物学者や植物生理学者たちに敬意を表さなくてはならない。

概日リズムについての最も単純な説では、概日変動は環境の変動、とくに昼夜、明暗、相対的な暑さと寒さなどの交替に、厳密かつ正確に依存すると考えられていた。緑色植物の活動と代謝は、光の存在下での光合成が活発な状態から、闇の中で光合成の起きない状態に振動することが知られている。しかし植物では、他のタイプの活動も観察され測定が可能である。たとえば十八世紀にリンネは「花時計」を発明したが、それは一日の各時刻にどの種のどの花が開花し、どの花が萎んでいるかということから時刻を知るものである。思慮深い植物学者は四方八方を散策しながら、花々を識別し、そこでリンネが作り上げたリストを見ながら時刻を知ることができた。太陽の見かけの動き（視運動）が、その花に毎日同じ時刻に開花するよう告げてでもいるのだろうか？　あるいはその植物種に固有の生物リズムに従って開花するのだろうか？　もしそうであれば、太陽の視運動の役割とは一体どんなものなのか？　ある種のシグナルの働きをしているのだろうか？

生物周期現象のどの部分が環境要因の昼夜変動によるものかを知るには、たとえば、植物を完全な暗所に置いて環境要因を取り除き、何が起きるかを研究すればよい。ドゥ・メランやドゥ・カンドルのような先駆者たちは、この方法を用い暗所でもリズムが持続したことから、リズムは必ずしも昼夜の交替に依存しないと報告した。しかし観察方法に問題があって、完全な暗所ではなかった。植物学において文字通りの隔離実験が行なわれるには、十九世紀末のペッファーの研究まで待たねばならなかった。たしかに完全な暗所でも植物のいくつかの概日リズムは持続している。これらの実験はドイツの植物学者ビュニングによって追試、確認され、発展した。彼は生物周期現象のいくつかに遺伝性のあることを示し、明暗の時間的変動の役割を明確にするといううきわめて大きな功績を残した。

シンクロナイザー（ハルバーグ）、ツァイトゲーバー（アショフ）、エントレニング・エージェント（ピッテンドリ）といった概念は、一九五〇年から一九六〇年のあいだに行なわれた動物学分野での実験から導きだされたものであるが、実際のところこれらの用語は同義語で、いずれも同調因子を意味する。恒常条件でも持続する生体に固有の生物リズムがある一方で、それ自体周期的に変動し、生物リズムに影響を及ぼす可能性のある環境因子がある。**周期的変動によって生物リズムの周期と位相またはいずれか一方を変化させる因子を、すべて同調因子またはツァイトゲーバー（告時因子）という。**多くの動物種や植物種の概日リズムでは、二四時間の平均周期性に従った明暗の交替が支配的な概日同調因子の役割を果たしている。ヒトの場合、支配的な同調因子として働いているのは、社会生活の時間的要請に結びついた活動と休息の交替である。

同調因子と同調の問題については後で再び触れることにするが（六〇〜六八頁、一四七〜一四八頁参照）、わかりやすくするためには、ここでとくに二つの基本的な概念を取り上げて説明しておいたほうがよいかもしれない。

①同調因子とは生物リズムを創り出すものではなく、これに影響を及ぼすものであり、②着目する生物周期現象の周期と位相について満足できる推定値を得るには、被験体がどのように同調しているかを知ることが必須である。これが、同調因子のシグナルが働く時刻、つまりある種の動植物については明暗の交替を、ヒトの場合は活動と休息の交替（社会生態的同調因子）を図形上に表すことがきわめて重要な理由である。

Ⅵ　体制のあらゆるレベルにみられる生物リズム――細胞生物学、植物学、動物学

生物周期現象は体制（生物体の有機構成）のあらゆるレベルで証明される。一つは一般に用いられている分類体系での下等生物から高等生物まで、すなわち単細胞真核生物からヒトに至る生物諸種群の体制レベルであり、もうひとつは細胞の構成要素から、組織、器官、器官系、機能単位および代謝系を経て個体全体に至るまでの、ヒトのような高等動物の体制レベルである。事例がいろいろとあり、指針として役立つのはやはり概日リズムの研究である。

核膜に包まれた核と細胞質などを持つ真核生物には時間構造がある。単細胞真核生物においても、相互に明確な位相関係を持つ実に多様な概日リズムを証明することができるが、この体制レベルで神経性またはホルモン性の協調あるいは同調が働くとは考えられない。単細胞真核生物四種を対象に、きわめて入念な生物周期性の研究が行なわれた。スウィーニィ、ファンデン・ドリッシェやシュワイガーは大型の単細胞緑藻の一種で、数センチメートルに成長するカサノリについて、エドマンズは独立栄養生物でもあり従属栄養生物でもあるユーグレナ（ミドリムシ）を、ヘィスティングスは生物発光によってしば

図2A　健常成人における概日時間構造の特徴

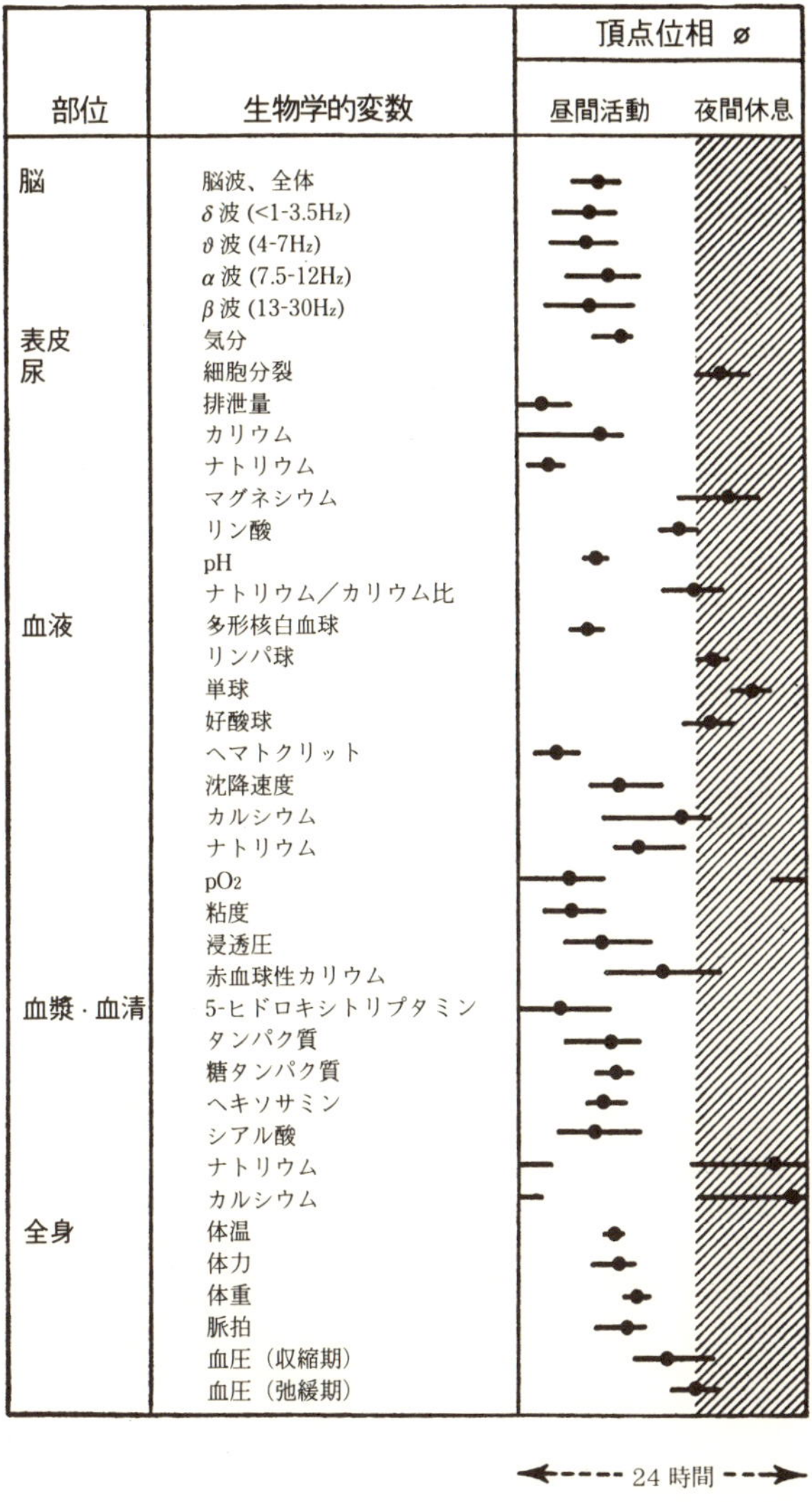

部位	生物学的変数	頂点位相 ø 昼間活動 / 夜間休息
脳	脳波、全体	
	δ波 (<1-3.5Hz)	
	θ波 (4-7Hz)	
	α波 (7.5-12Hz)	
	β波 (13-30Hz)	
表皮	気分	
尿	細胞分裂	
	排泄量	
	カリウム	
	ナトリウム	
	マグネシウム	
	リン酸	
	pH	
	ナトリウム／カリウム比	
血液	多形核白血球	
	リンパ球	
	単球	
	好酸球	
	ヘマトクリット	
	沈降速度	
	カルシウム	
	ナトリウム	
	pO₂	
	粘度	
	浸透圧	
	赤血球性カリウム	
血漿・血清	5-ヒドロキシトリプタミン	
	タンパク質	
	糖タンパク質	
	ヘキソサミン	
	シアル酸	
	ナトリウム	
	カルシウム	
全身	体温	
	体力	
	体重	
	脈拍	
	血圧（収縮期）	
	血圧（弛緩期）	

図2A　(前頁) 解説

健常成人の様ざまな概日リズムの頂点位相ϕを●，95%信頼区間を——で示す．斜線で網かけした部分は平常の休息時間と暗期，白地の部分は活動時間と明期を表わす．この条件下では，正確に24時間の活動・休息の交替に応じた頂点位相を近似的に決めることができる．図に示した結果は，一部は米国ミネソタ大学において，他の部分はフランス国立科学研究センター（CNRS）の時間生物学研究班（パリ）によって得られたものである．

図2B　健常成人の概日時間構造の特徴．血液学的変数
(ハウス，レヴィ，レンベールの研究結果による.)

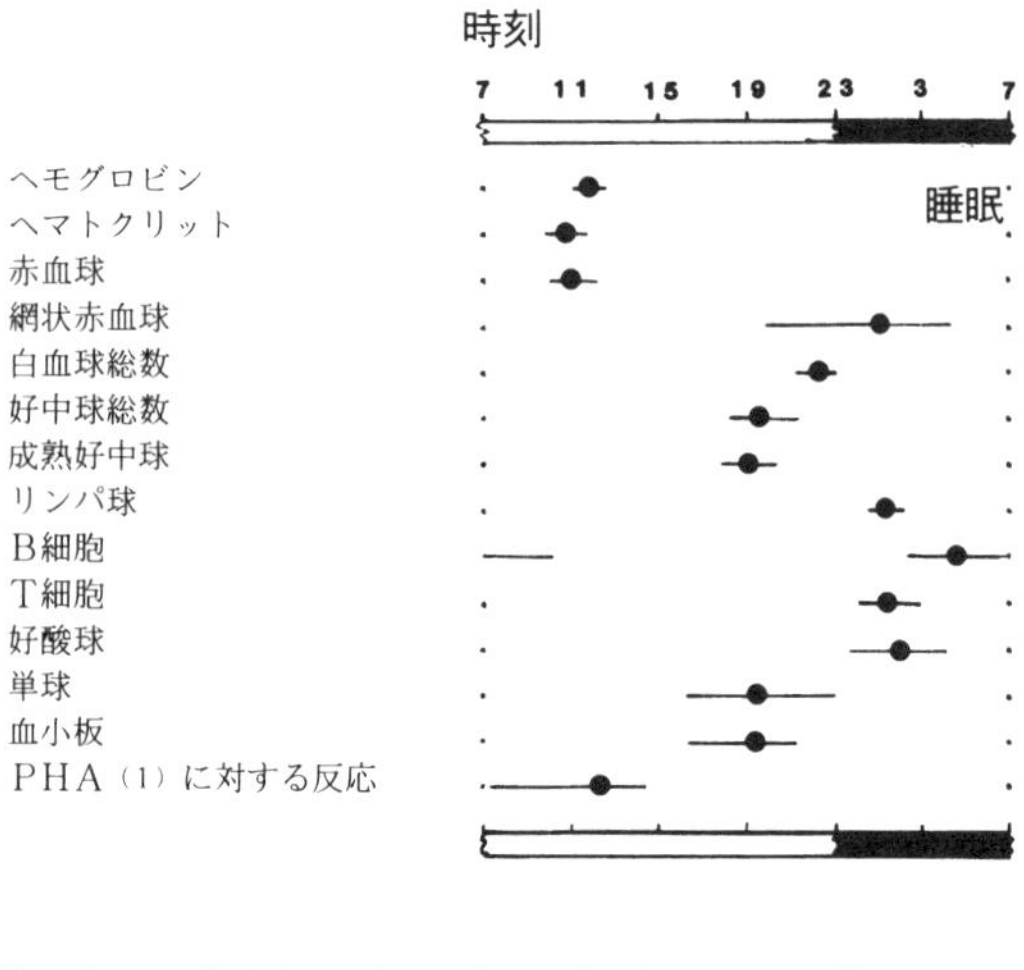

（1）Phytohemagglutinin の略号．細胞凝集活性のある植物性レクチン．ただしPHAと略記した場合，インゲンマメレクチン（*Phazeolus vulgaris* agglutinin）を指すことが多い．

図2C　健常成人の概日時間構造の特徴（ワイツマン，ドレー，アッフェルボーム，トゥイトゥ，ラゴゲ，ガータ，レンベールの研究結果）

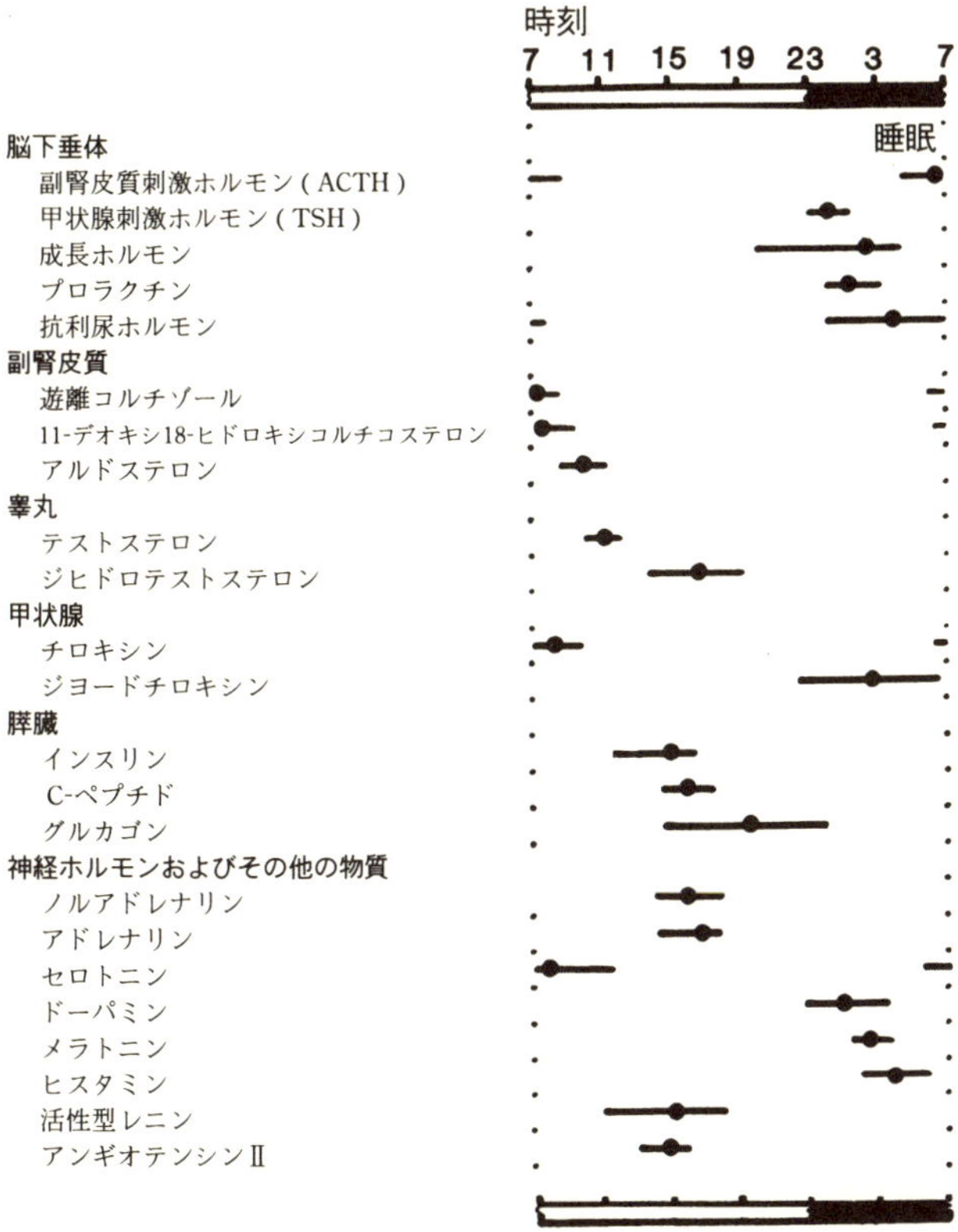

図3　リンパ球数の概日リズム

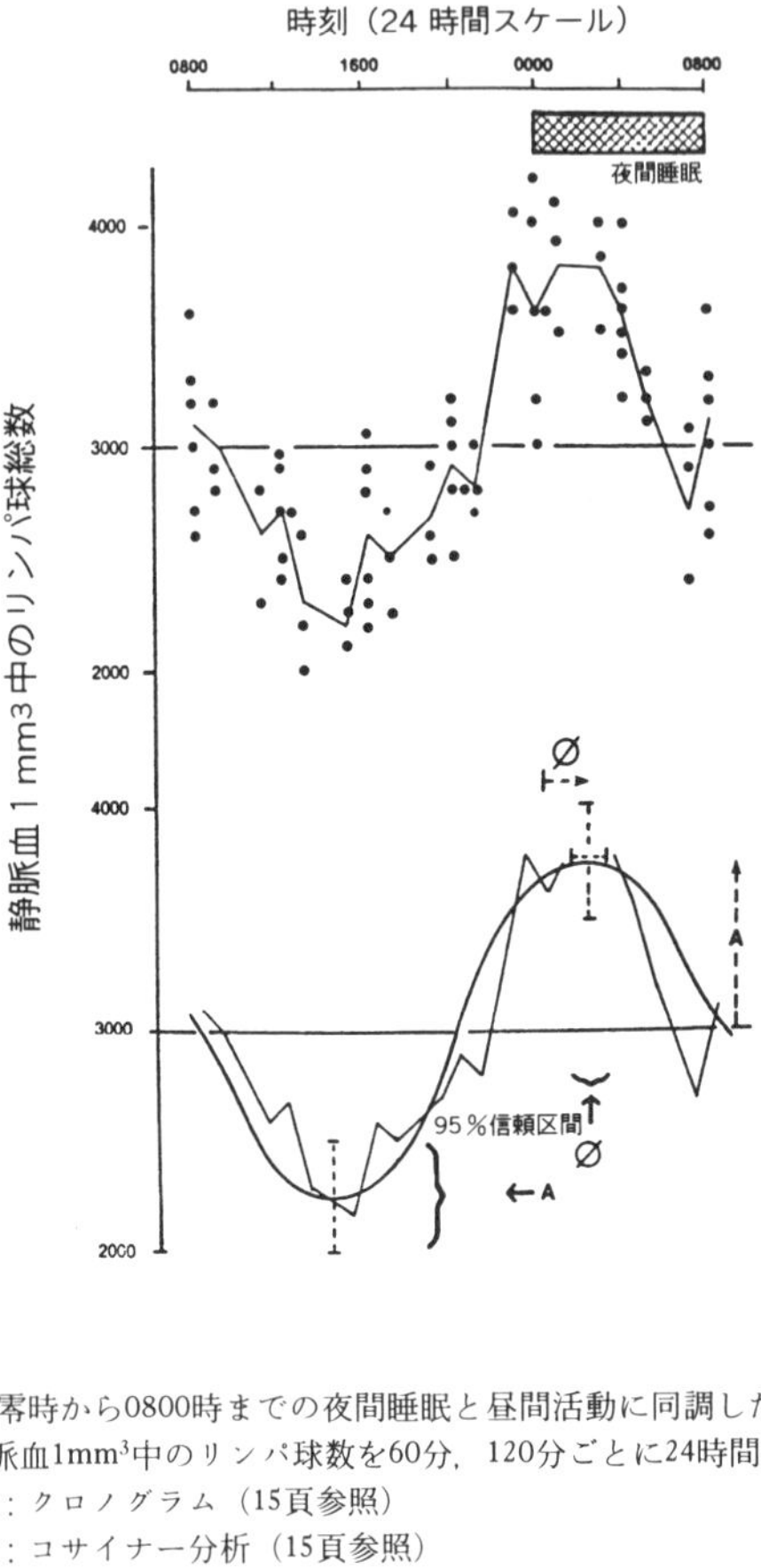

午前零時から0800時までの夜間睡眠と昼間活動に同調した健常な若年成人の静脈血1mm^3中のリンパ球数を60分，120分ごとに24時間測定した．

上段：クロノグラム（15頁参照）

下段：コサイナー分析（15頁参照）

振幅 A は考察する周期あたりの全変動幅の 1/2 に相当する．ここでは A＝750/mm^3（±250，95％信頼区間），頂点位相 ϕ は午前零時を基準として 0200（±50 分，95％信頼区間），メサーMは3,000/ mm^3．このことは血中のリンパ球数が生理的には 1400 頃2,000/mm^3 まで減少し，0200頃には 4,000/mm^3 まで増加することを意味する．リンパ球が生体防御系で重要な役割を果たしている点が注目される（レンベールによる）．

図4　単細胞藻類の一種カサノリの概日構造の特徴

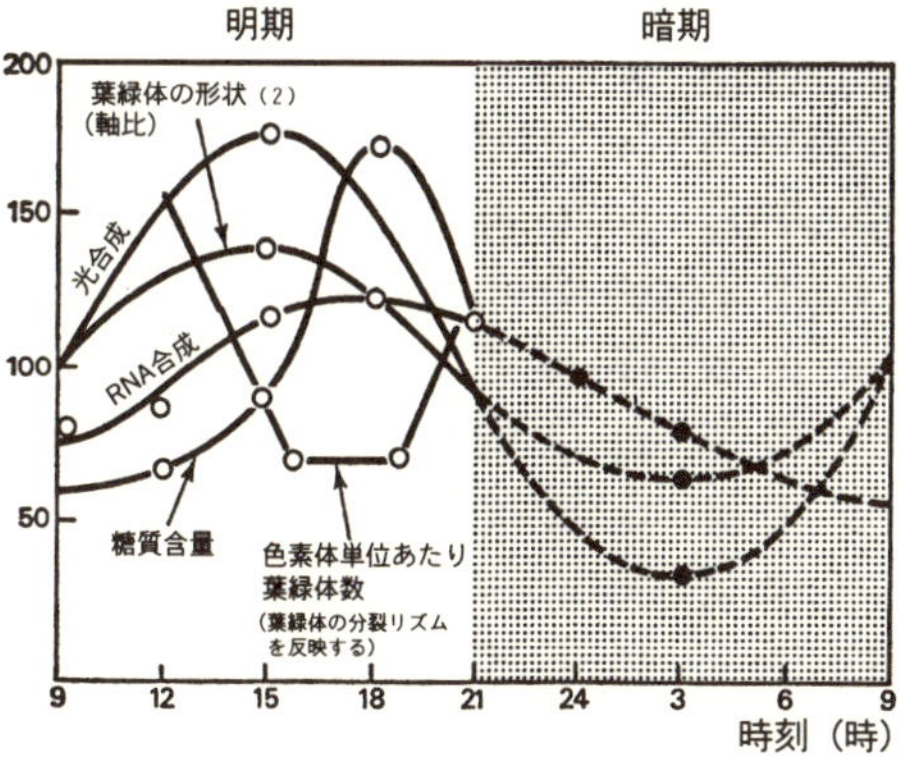

それぞれの生理的変数は24時間サイクルの平均値（M＝100）のパーセントで示してある．明期が0900から2100時，暗期が2100 から0900時に同調（ファンデン・ドリッシェの学位論文による）．（*"La Recherche"* 1971, 2, pp.255～261から引用）

しば夜の海に光を放つプランクトン性渦鞭毛藻ゴニオラックスについて、それぞれ研究した。またフェルドマンとジェレブゾフは菌類の一種アカパンカビについて研究した。

図4はファンデン・ドリッシェにより研究された一二時間の明期（〇九〇〇～二一〇〇）[1]と一二時間の暗期（二一〇〇～〇九〇〇）の交替に同調したカサノリの時間構造の特徴を示す。各生理的変数の数値はリズム平均水準（メサー）に対する百分率（パーセント）で表してある。前述の実験条件では、光合成能は日中増加し、一五〇〇頃頂点位相に達したのち低下する。葉緑体の形[2]にも同じようなリズムが認められるが、振幅はやや小さい。RNA合成の頂点位相は、多糖類含量と同様に葉緑体の分裂のピークが観察される

少し前の一八〇〇頃に位置する。

(1) ここでは国際命名法に従って時刻を四桁の数字で表わす。最初の二つの数字は時を、後の二つの数字は分を示す。たとえば午前九時二二分は〇九二二、午後六時五五分は一八五五、正午は一二〇〇、深夜一二時は二四〇〇または〇〇〇〇と表記する。

(2) 葉緑体は直径五～一〇μm、厚さ二～三μmの楕円体であるが、形や細胞あたりの数は生活環を通じて変化する。

図5はハウスらの研究成果によるもので、哺乳類細胞の概日時間構造の特徴を示す。明期〇六〇〇～一八〇〇、暗期一八〇〇～〇六〇〇に同調させた正常な成熟マウスの肝細胞を用い、時間的指標に有糸分裂すなわち細胞分裂を選び、細胞周期の主要事象の時間分布を観察した。たとえば、RNA合成のピークは位相的にはDNA合成のそれに先行するが、DNA合成自体のピークは有糸分裂時点に先行する。カサノリとマウス肝細胞の二つの例は、細胞および細胞内構造レベルでの時間構造のみならず、**細胞はあらゆることを同時に行なうことができない**という重要な事実を示している。細胞が自由に利用できるエネルギーは、ある時点ではタンパク質合成を、他の時点では糖質合成を促進する。またある時間にはしかるべき特異的な機能を発現させる。したがって、概日周期性が環境変化に即応した適応を可能にしていると思われる。これら二四時間のあいだの時間的変動は、細胞の空間構造の変動(たとえばカサノリにおける葉緑体の形と数の変化、およびフォン・マイヤースバッハやバーバゾンがラット肝細胞において証明したリボソームなどさまざまな細胞内小器官系の超微視的変化)と密接に結びついていることも強調しておく。

図5　マウス再生肝の時間構造

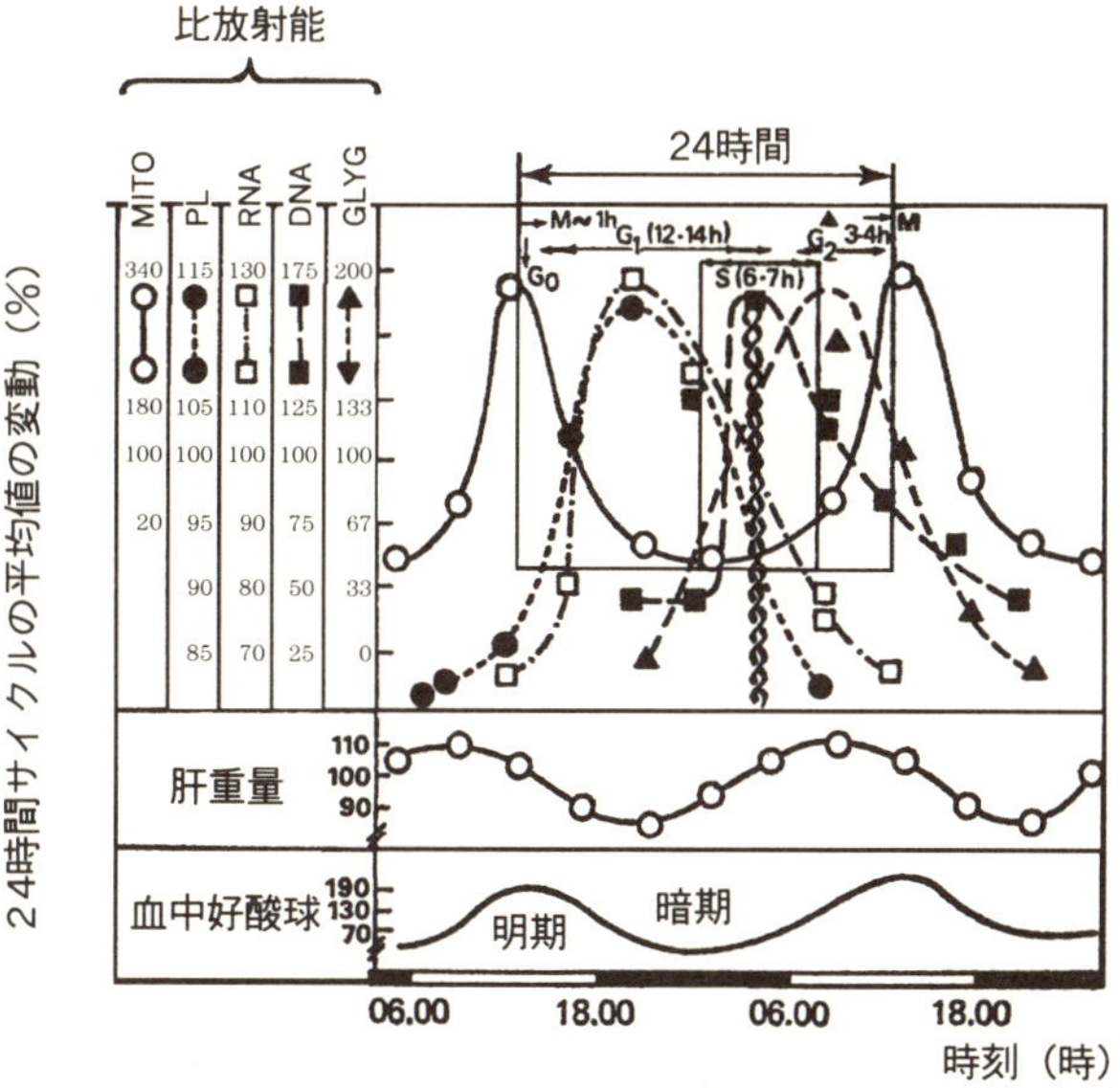

リン脂質(PL), RNA, DNA, 有糸分裂(MITO), グリコーゲン(GLYG), および肝重量, 循環血中の好酸球への ^{32}Pの取込みの概日リズム（ハウスら. *Chronobiological Aspects of Endocrinology*, Milano, Il Ponte, 1974から引用）.

光合成の周期性の他にも、高等植物では細胞レベルのみならず器官または個体レベルでの時間構造が報告されている。たとえば葉の上下運動、花の開閉運動あるいは気孔の開閉、花粉や花蜜の産生、花蜜の糖度、ミモザに見られるようなある種の器官の興奮性などである。シロツメクサなど、ある種の植物における葉の位置の概日リズムはとくによく研究されている。植物の生長にも約二四時間の周期性が見られる。発達段階にある器官は、一定の速度で生長するのではなく、二四時間のあいだに生長速度のピークと谷が現われる（サックス＝プラントル）。ミレーが明らかにしたように、ソラマメの茎の生長の概日リズムは恒明状態でも持続する。バイヨーが研究したつる植物、ヤマノイモの茎の回転運動は、概日リズムと同時にウルトラディアンリズムも認められる例である。

スケヴィングやハウスらによるいろいろな実験によって、健常な成熟マウスの時間構造の相補性が明らかにされた。さらに複数の組織において、細胞分裂のさまざまなピークが同時には現われないことも観察されている。しかし、神経・ホルモン調節系や特異的な多機能系を有する生物では、時間構造および空間構造が階層的であると同時に、相互依存している点にも注目すべきである。ここで概日系について触れてみよう。前述の例（二三頁参照）のように、下垂体・副腎皮質・標的器官の機能体制はこれら多様な活動のあいだに存在する位相関係と密接に結びついている。図2A、図2B、図3はいずれも健常成人の時間構造の一面を示しているが、これらを再検討しても、やはり同じ結論が得られる。筋力と気管支の開通性がピークに達するのは昼間の中頃であり、収縮期血圧、心拍数、カテコールアミン分泌の頂点位相の現われる時刻はきわめて接近している。

しかし、二つの概日生物周期現象のあいだに関係があるから、あるいは位相が一致するからといっても、必ずしもそこに直接的な因果関係があることを意味するわけではない。確認するためには追加実験を行なう必要がある。たとえばリズムAを「操作」し、リズムBがどの程度影響を受けるのかを見る。仮に下垂体あるいは副腎を摘除すると、循環血中の好酸球、カリウムの尿中排泄、筋力の概日リズムに変化が現われるが、この条件下では体温、心拍数、血清鉄の概日リズムに乱れは生じないだろう。

VII 概日リズムとインフラディアンリズムの関係

概日リズムは生物リズムのなかでも最もよく知られているが、動植物におけるようにヒトにおいても、さらに長い周期のリズム、とくに概年リズムについて考えることはきわめて重要である。

概日リズムを特徴づけるパラメーターは一年の間に変動するものと思われるが、逆に、年周性の生物周期現象を研究しようとするときには、概日変動を考慮する必要がある。

ハウスとハルバーグは、マウスにおいて、生理的変数の一つである血漿コルチコステロンの概日リズムの少なくとも二つのパラメーターが、一年の間に変動することを明らかにした。ミネソタ大学でこの研究に使われた実験動物では、二四時間のリズム平均水準の周年ピークは二月に現われた。一方、一年の間に概日頂点位相の出現時刻は二四時間スケールの中で移動した。その移動の幅は二月（ピークの前進）から六月（ピークの後退）の間では三〜四時間に達する。

同じような現象、すなわち概日パラメーターの概年変動は、デュポンによってカエルの血漿コルチコステロンで観察されている。

ラットのポリペプチド性視床下部ホルモンに関するケルデルエの研究によって、これらの物質の概日パラメーターにも、冬季の月に応じた変動の存在することが明らかになった。

ヒトでは、すでにガータと著者が一九五四年に行なったカリウム、ナトリウム、水分の尿中排泄に関する研究で、これら変数の頂点位相と概日リズムの平均水準に周年性変調が存在することが示唆されている。

これらの研究は、健常で正常月経の女性の月周リズムについて調べたスモレンスキーや、内分泌および行動変数の年周リズムについて研究したトゥイトゥ、ラゴゲらによって受け継がれた。たとえば、パリ在住の健常な青年たちを対象にした検査では、血漿テストステロンの概日リズム平均水準のピークは十月に現われ、谷は四月に位置した。概日頂点位相は変位し、時刻がずれた。被験者たちは昼間活動し、夜間は就寝していたが、概日頂点位相は五月には朝の八時頃に、十一月では一四時頃に出現した。しかし三月には概日リズムは検出されなかった。

同じ青年たちについて、二か月ごとに血漿中の黄体形成ホルモン（LH）、卵胞刺激ホルモン（FSH）、プロラクチン、コルチゾール、チロキシンのそれぞれの濃度およびレニン活性の概日リズムを十四か月間測定した。さらに毎月、水分、17-ヒドロキシコルチコステロイド、アルドステロンおよびカリウムの尿中排泄の概日リズムを調べた。また同じ期間中の性行動（性交と自慰）についても記録した。得られた結果を概日リズム平均水準の周年変動に関してまとめたのが図6である。

FSH、LH、性行動、尿排泄に統計的に有意な概年リズムが検出されたが、プロラクチンは周年変動を示さなかった。概年頂点位相は、FSHの場合は二月に、LHは三月、テストステロンは十月、性行動は十月にそれぞれ位置づけられた。

雄アヒルでは、LHとテストステロンの血漿中濃度のそれぞれの年周性ピークに、約五か月の差のあることがアセンマッシェルらにより報告されている。

循環血中のホルモン量は必ずしも分泌腺の活動あるいは標的器官の感受性を反映するものではないが、健常な若年成人では、すでに知られている概年リズムのほかに下垂体・性腺系の概年リズムが認め

図6　内分泌，代謝および行動に関する変数の年周リズム

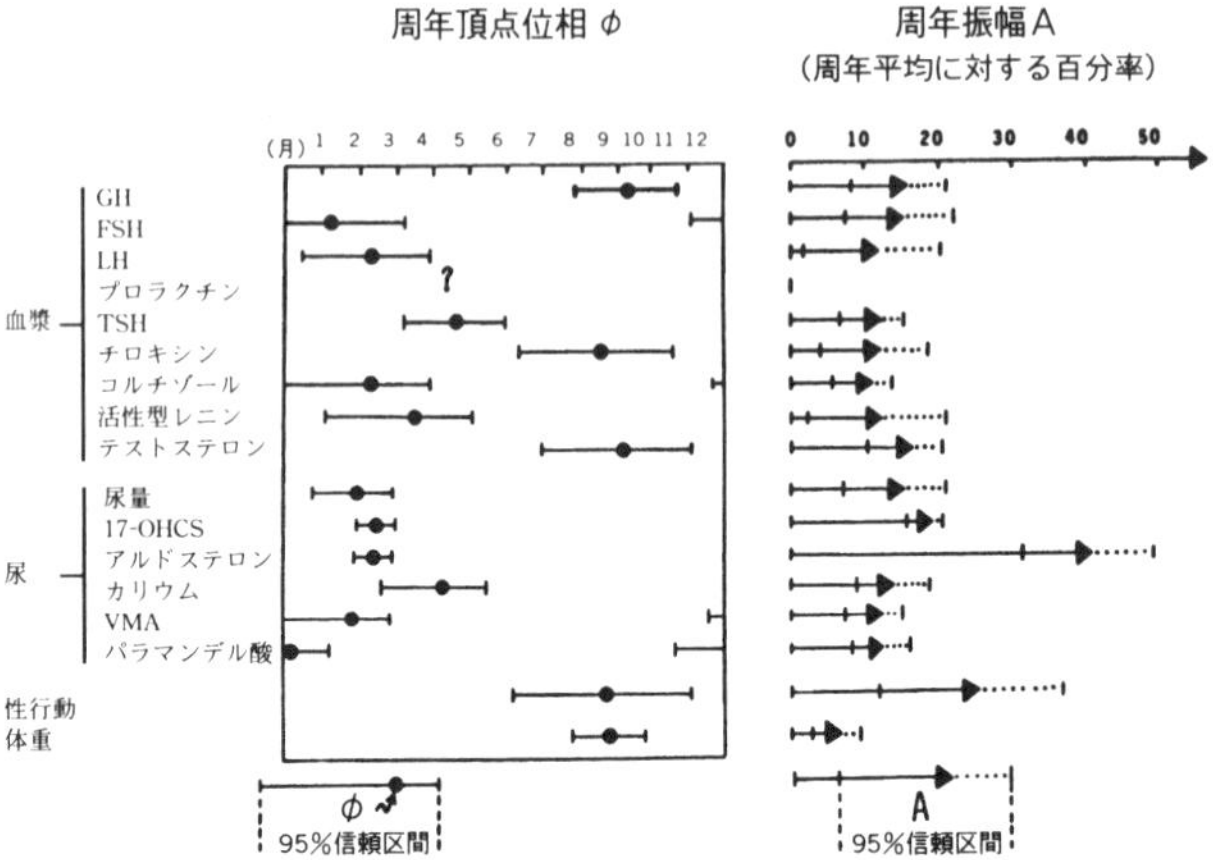

被検者：1年間，07±1時起床，23±1.5時就寝に同調したパリ在住の健常な成人男子5人（26～32才）．検査日の採血と採尿は，24時間に4時間ごと，定刻に行なった．14か月間，毎月，17-OHCS（コルチゾールの代謝産物），アルドステロン，カリウム，VMA（バニリルマンデル酸．カテコールアミンの代謝産物），パラマンデル酸などの尿性生理的変数を測定．2か月ごとに，GH（成長ホルモン），FSH（卵胞刺激ホルモン），LH（黄体形成ホルモン），TSH（甲状腺刺激ホルモン），チロキシン，コルチゾール，活性型血漿レニン，テストステロンなどの血漿性生理的変数を測定．

周年頂点位相φの位置と周年振幅値は95%信頼区間で示されている．プロラクチンを除くすべての変数に統計的に有意な概年リズムが認められる．年周期に概日平均を組み入れた結果を総合すると，健常成人の時間構造における内分泌的側面が明らかになる．（レンベール，トゥイトゥ，ラゴゲ，ガータらによる．）

られる。

血漿テストステロンの年周性ピークと性行動のそれとの間にある時間的な関係は、必ずしも直接的な因果関係を意味するものではない。血漿テストステロンが秋にピークを示すことは、おそらく性行動が秋に高まりやすい要因の一つに過ぎないと思われる。これらの実験結果および出生率、初潮、レイプ等々の周年変動に関する調査によって得られたいくつかの事実を総合すると、ヒトの生殖には周年変動があるのではないかと考えたくなる。

外見上健康な高齢者（約八十才）では、概日および概年リズムはどうなっているのだろうか？　フランスのトゥイトゥ、米国のハウス、ルーマニアのニコラウら複数の研究チームがこの問題に取り組んだ。老化には、生体の適応能力の減退やさらには喪失を伴うことが多い。生体は生物リズムよって環境の昼夜および年周性の周期変動に適応し、応答できるという意味からすれば、時間構造特性の変化が老化の原因なのか、あるいは結果であるのかが問題になる。いずれにせよ高齢者についての研究が必要である。トゥイトゥらは若年成人男子、高齢者（男女）、男性および女性のアルツハイマー型老人性痴呆患者の四つのグループについて、一月、三月、六月、十月の概日リズムを分析した。

総コルチゾール、その遊離画分（活性型）、およびアルドステロン（ナトリウムやカリウムなど電解質の代謝に作用するステロイド）から判断する限り、アルツハイマー病患者も含め高齢者の副腎皮質機能の概日リズムに乱れは認められなかった。しかし年周リズムは消失していた（春のピークが欠如）。

血漿カテコールアミン（アドレナリン、ノルアドレナリン）は、若年者と同様に高齢者でも、午前中にピークに達する（三一頁図2C参照）。これらのホルモンは血圧（収縮期および弛緩期）を上昇させ、気管支の開通性を高める。若年者ではカテコールアミンの年周性ピークは冬に位置する（レンベールら）。

下垂体性腺刺激ホルモンのLHとFSH（八一頁参照）の概年リズムは高齢者においても存続するが、年周リズム平均水準は上昇しており、とくに高齢女性に著しい。高齢女性では、おそらく卵巣からの性ホルモン分泌の枯渇がLHおよびFSHのリズム平均水準上昇の原因と思われる。

血漿プロラクチンの概日リズムの特性は、若年女性（三一頁図2C）も高齢女性も同様で、〇三〇〇〜〇四〇〇時頃に夜間のピークを示す。このホルモンの年周リズムはヒトでは性に関連しており、若年、高齢にかかわらず、女性で検出されるが（春にピークがある）、男性では若年者および高齢者のいずれの場合も検出されない。

メラトニン（N-アセチル-5-メトキシトリプタミン）は主として松果体から分泌されるが、ヒトのような昼行性の動物種、ラットやマウスのような夜行性の種のいずれにおいても、ピークは夜間に出現する。高齢者（男女）におけるメラトニンの概日リズムの特徴は若年者に近いが、夜間における分泌が減少しているため、当然のことながらその振幅とリズム平均水準は低下している。なおメラトニンの季節性ピークの位置は年齢に依存するように思われる。

体温の概日リズムは、高齢者では若年者と同じ特性を保持しているが、リズムの振幅は減少している。幼若ラットと比べたとき、老齢ラットにも同じような減少が見られる。この現象は視交叉上核[1]の老化（機能性ニューロン数の減少）が原因であると説明されている（ムーア＝イドとリートフェルト）。体温は若年者、高齢者ともに、冬季に年周性ピークに達し、春季に谷を経過する。

しかしリズムの中には、加齢とともに概日性振幅が増大するものがある。血漿タンパク質の場合がその例で、ピークが〇八〇〇と一二〇〇時に、谷が〇四〇〇時頃に位置することをトゥイトゥらが報告している。しかし若年者に比べると、高齢者では夜間に血漿タンパク質はあきらかに減少している。その結果、高齢者では夜間にタンパク結合性のホルモンまたは薬物の活性画分（遊離型）が若年者より多くなるという。

健常成人における免疫プロセスの概日および概年リズムが明らかにされた。とくにB細胞で一部分制御されている免疫グロブリン（IgA, IgM, IgG）とT細胞サブセット[2]に関するものである。B細胞数は〇四〇〇時頃に夜間の概日ピークを示すが、その位相は免疫グロブリンのピークに先行する。免疫グロブリンでは振幅の大きい概年リズムが出現し、そのピークは、IgGは九月に、IgMは十一月、IgAは十二月に見られる。T細胞全体においてヘルパーT細胞（細胞傷害効果を助長する）の概日性ピークは、〇一〇〇時頃に位置する。しかしキラーT細胞のピークは一〇〇〇時頃である。これらの概日リズムに、ヘルパーT細胞の半年周リズム（春と秋にピークが出現する）と、T細胞全体（春にピーク）、サプレッサー／キラーT細胞（冬にピーク）およびナチュラルキラー細胞（秋にピーク）の年周リズムが付加される。

（1）六九頁参照。
（2）T細胞は機能別にヘルパーT細胞、サプレッサーT細胞、キラーT細胞、遅延型過敏反応に関与するT細胞などのサブセット（亜群）に分けられる。

これらヒトの時間免疫学的研究の成果は、感染症の発生頻度およびある種のガンの発生あるいは増大を助長する可能性のある免疫能低下の周年変動と関連づけるべきである。あたかもわれわれの身体が、一年間のある時期にある疾患に罹《かか》りやすいとか、一日のある時刻にある侵襲を受けやすいというようにすべてのことが起きている。

これらの例から、概日リズムには概年性の調整が、逆に概年リズムには概日性の調整が働いていることがわかる。こうしたことから、時間生物学における研究ではすべて、二四時間スケールでの時刻のみならず、ひと月のどの日か、一年の中のどの月であるかを考慮することが不可欠である。

現在、生物学や医学領域で用いられている「基準値」や基準体系のリストは、精密さと正確さに欠けるように思われる。というのは、血圧、体温などの計測や生化学検査の際に、二四時間スケールでの時刻や一年の中のどの月であるか、また被験者の同調も考慮されていないからである。そのような状況で得られる「生物学的定数」にはあまりにも誤差が多く、そのまま受け容れるわけにはいかない。そうした値はむしろ**生物学的変数**という概念で置き換えるべきである。ハウス、トゥイトゥ、ニコラウは時刻と関連づけた基準体系を確立し、性別や年令をも考慮に入れた上で、時間生物学データベースに主要な要素として組み入れた。このデータベースにより、二一世紀の臨床生理・生化学は、保健医療従事者に対し、重大な批判を受けることのない情報を提供することができるようになる。

第二章　生物リズムの基本特性と時間構造

十九世紀末にリンガーは、生体から切り離した摘出心臓も適切な組成の溶液で灌流し、適温に保ちさえすれば、数時間あるいは数日間も規則的に拍動しつづけることを明らかにした。心臓の機能には自律性があり、律動性収縮活動を行なう。この収縮活動は大静脈と心房の境にある洞房結節の部分で発生し、心筋の他の部分に伝わる。今日では、心臓の律動性収縮活動を引き起こす活動電位の変動が心臓に固有のものではなく、神経繊維、神経、横紋筋、平滑筋、腺組織などすべての興奮性組織レベルで認められることが知られている。一九三〇年代にはすでに興奮系の活動電位の計測により、**律動性は特定の器官に限定されたものではないこと**が明らかになっていた。一九三五年にカルドやフェッサールら先達が行なったように、**律動現象全体が興奮系すべての正常な活動様式である**ことを確認するには、系を適切な実験条件下に置くだけで十分である。この場合、数分の一秒から数分の周期を持ったウルトラディアンリズムが観察される。このリズム活動は自発的に出現するので自律性があるといえる。一方、系を生体から切り離しても、すべての因子をできる限り一定に保った環境（培養液）に置くと、いぜんとしてリズム活動が持続することから、内因性のものであると考えられる。このタイプの環境因子をいくつか変化させると、リズムの振幅と周期に影響を与えるような変動が系に観察され、ときにはリズム活動が消失さえする。この現象は、リズム活動が環境因子の変動の影響を受けることを示すが、これらの因子がリズムを形成したり、あるいは決定することを意味するものではない。リズム活動には自律性すなわち内因性があり、環境因子の変動によってこれらの活動が出現したり、抑制されたり、あるいはマスキングされるに過ぎない。

カルドやフェッサールが集めた事例から、リズム活動は興奮系の基本特性であるとの結論が導き出されたが、その他にも考察すべき問題が提起された。じつは、彼らが考えた**ウルトラディアンリズムの特性には、概日リズムやインフラディアンリズムとの著しい類似点がある。**周波数が大きく異なるにもかかわらず生物周期性現象の性質に類似性が認められることから、ガータと著者は一九五七年に出版した文庫クセジュ『生命のリズム』のなかで、リズム活動は**生体の基本的な性質である**という考えをはっきりと示した。今日ではこうした一般化も研究者に広く受け容れられている。これまでに得られた知識を総合すると、**生命はリズム活動の形で現われ、生物周期性を示さない生命は存在しない**といえる。

ところで生物リズムの基本特性とはなにか？　リズムを生み出し、制御するメカニズムとは一体どんななものであろうか？

I　生物周期性の遺伝性

概日リズムや概年リズムは《各世代の一つ一つの個体が獲得した変動》であり、遺伝性はないと考えられてきた。地球が二四時間で一回自転し、太陽の回りを一年で公転することに起因する環境変化がエネルギー供給の変動をもたらし、これらのリズムを発生させるものと考えられていた。概して生物の時間構造には遺伝性があることを認めさせるには、多くの実験が必要であった。

生物周期性が遺伝的な支配を受けていることを示唆する実験的根拠を最初に示したのがビュニングである。彼は実験材料を選択しているうち、それぞれ二三時間と二六時間の自然周期を持つ二つの系統のベニバナインゲンのクローンを入手、交雑実験によって、自然周期の長さが古典的なメンデルの遺伝法則に従って伝わることを示した。

さらに自由継続する概日リズムの周期（τ：時間で表示）の長さによって、生物時計の突然変異（時計変異体）を識別することが可能となり、藻類の一種コナミドリムシ（ブルース、一九七二年）、子嚢菌の一種アカパンカビ（フェルドマン、一九七三年）、昆虫ではショウジョウバエ（コノプカ、一九七一年）で時計変異体が発見された。

真核生物の単細胞菌類アカパンカビでは、寒天培養した胞子（分生子）に概日リズムが認められた。アカパンカビの自由継続の自然周期は二一・六時間であるが、周期τが一六・五時間〜一九時間の変異体が八系統分離されている。原因となる遺伝子は不完全優性で、第七染色体上に存在する。

キイロショウジョウバエの変異は羽化と移動活動の概日リズムに現われる。第一〇染色体上の同一遺伝子座 *per*（周期遺伝子 *period* の略号）内に点突然変異を持つ *per*ᵒ（原則として無周期）、*per*ˢ（τ≒一九時間の短周期）、*per*ˡ（τ≒二八時間の長周期）の三系統の突然変異体が分離され、*per* 遺伝子座の周辺領域の塩基配列（7kbp）[1]も決定された。この遺伝子は四・五kb[2]のmRNAをエンコードし、これをもとにアミノ酸残基一、一二七個からなるプロテオグリカン型タンパク質が合成されるものと推定されている（ジャクソン、バルジェロら、一九八六年）。この遺伝子はまた雄の婚姻音（翅の独特の振動によって生じる音）が示す高周波リズム（τ≒六〇秒）の周期を変化させる。*per*ᵒ 遺伝子は周期性を消失させるが、*per*ˡ 遺伝子は周期性を延長し、*per*ˢ 遺伝子は短縮する。

無周期性ショウジョウバエに *per* 遺伝子を導入すると周期性が復活する。*per* 遺伝子にはトレオニン―グリシンの反復をコードする長い塩基配列があり、いくつもの転写産物を生成するが、その量と周期の長短には相関があり、転写産物の数が多いほどτが短くなる。キイロショウジョウバエのリズムの同調における*per*遺伝子の役割はかなり明確になってきたが、いぜんとして重要な問題が二つ残されている。すなわち一つは、リズム性の制御に複数の遺伝子（なかでも時計遺伝子）が関与する点であり、もう一つは、*per*遺伝子情報から合成されるタンパク質のみがリズムの生成に関わるとは考えがたいことである。遺伝子は一体いくつあるのか？　プロテオグリカンは概日リズムの制御においてどのような機能を果たしているのか？

（1）二本鎖DNAの量を表わす単位として塩基対（base pair, bp）が用いられる。1kbp=1000bp.
（2）kb = kilobase.

いずれにしても、分子遺伝学によって生物リズムの遺伝性を裏づける直接的かつ決定的な根拠が示されたが、この概念は他の生物種にも拡大適用できるのだろうか？　答えはイエスである。なぜならここに引用した結果が知られる以前に、このような表現を支持する**間接的な証拠**がすでに多数存在するからである。

その第一の証拠は、**自由継続条件下で生物周期性が持続する**ことである。この現象は単細胞真核生物からヒトに至るすべての生物に認められ、ほとんど普遍的といえる。

第二はヘィスティングスが渦鞭毛藻類のゴニオラックスを用いて行なった実験結果にある。この単細胞生物は、光強度が一定の条件を満たすときに八時間ごとの明暗交替を行なうと、一六時間周期で発光するウルトラディアンリズムを出現させる。この状態を七か月続けたあと、すなわち七〇〜一〇〇世代後にゴニオラックスを恒暗条件下に置くと、発光は直ちに約二四時間周期の概日リズムを示すようになる。**幾世代もの長期間、ウルトラディアンリズムによる負荷が加わったにもかかわらず、概日リズムは消失しなかった**のである。

哺乳類、なかでも**マウスの系統の比較研究から、いくつかのリズム特性に遺伝性のあることが証明された。**ポリグラフ記録法によって明らかにされた睡眠の構造や睡眠・覚醒リズム（ジューヴェら）、同調因子を操作したときの新しい時刻への調整速度（ユニスら）、昼夜交替の自然同調因子に対するリズムの適応が最もよいこと（ボウ）、肝酵素のリズム（スケヴィング、アシュケナージ）などがその例である。

ヒトでは、**一卵性と二卵性の双生児で得られた時系列データの比較**によって、いくつかの概日リズムの性質が内因性である根拠が得られる。たとえば動脈圧と橈骨動脈拍の概日リズムは一卵性双生児群内より、二卵性双生児群内における差のほうが大きい（バーカルら）。レンベールやトゥイトゥらが一卵性および二卵性双生児について、副腎皮質の活動指標となる17-ヒドロキシコルチコステロイド（17-OHCS）の尿中排泄の概日リズムを調べたところ、リズム曲線のパターン、概日およびウルトラディアン周期成分、それらのスペクトル分析の結果から、一卵性双生児間では成長しても類似性が持続するのに対し、二卵性双生児の場合には違いが見られるようになった。しかし、遺伝性と推定される個体間の差異はリズムの基本特性によるものではない。いずれの場合でも、17-OHCSの最高値は朝に現われ、収縮期血圧は午後に最高となる。

II 生物周期現象の恒常条件下での持続

恒常条件下（環境変化の無い状態）でリズムおよび時間構造が持続することは、リズムの内因性を示唆する強力な根拠になる。これを立証するような実験を厳密な方法で実施しようとすれば、細心の注意と多くの実験材料が必要となり、光（質、照射時間、強度）や温度、音、湿度、エネルギー供給のような必須因子を制御しなければならない。これらの因子はまさに環境因子であり、その振動は支配的な同調因子の役割を果たす。しかし、その他にも制御しなければならない《微妙な》因子を見落としてはいないだろうか？　現在知りうる限りでは、そのような微妙な同調因子の存在を示唆する実験的な裏づけは薄弱であり、また説得力にも乏しい。

単細胞真核生物が恒常条件下に置かれると、明確な同調因子がなくても概日リズムは持続する。ゴニオラックスの発光概日リズムがその一例であるが（ヘィスティングス）、これについては二八頁および三三頁を参照されたい。

ビュニングは研究方法を改良して、ドゥ・メラン、サックス、ペッファー、ミラルデ、その他多くの先駆者たちが手がけた高等植物の隔離実験を追試した。室温が一定の、明暗を制御できる実験室内にインゲンマメの幼植物を置いて葉の運動を記録する。葉は日中水平に広がり、夜間にはたれ下がる。暗期が継続すると、この葉の上下運動の概日リズムは数日間持続するが、あとは減衰し運動の振幅は次第に縮小する。したがって、このリズムは明暗の交替に依存すると解釈できるかもしれない。しかしこの解釈からは、インゲンマメの概日リズムに関するもうひとつの実験結果を説明することができない。それは発芽以来恒明条件下に置いた幼植物の場合で、こうした状況では葉の運動の概日リズムは観察されない。しかし恒明から恒暗に移すと概日リズムが出現する。葉は概日リズムに従って振動を示すようになり、このリズムは減衰しながら数日間持続する。あたかもリズムの作動と出現に信号が必要であるかのようにすべてが進行する。信号は、光受容色素タンパク質のひとつ、フィトクロームの仲介によって受け止められるのであろう。ケイロスや他の研究者の実験によって、カランコエの葉のガス（CO_2）交換のリズムが、減衰しながら持続することが明らかにされた。したがって恒常条件下に置かれた高等植物では、同調因子がなくてもいくつかの概日リズムは持続するものと思われる。しかし一定時間が経過すると、リズムは減衰し消失することをどのように説明したらよいのか？　ビュニングが行なった実験の結果は、漸進的な減衰が起きるのは植物細胞の概日リズムの脱同調によることを示唆している。同調因子が存在しない場合、周期は約二四時間であるが、細胞あるいは細胞群によって相違がみられる。この周期の相違が位相の違いと減衰をもたらす。

動物、とくに鳥類やヒトを含めた哺乳類について数多くの実験が行なわれた。明暗交替が優勢な同調因子となっている動物に対し昼夜の交替を取り除くと、[1]次のような所見が得られた（図7参照）。①概日リズムの大部分で、振幅は変化せず、すなわち縮小することなく持続する。②この場合、概日リズムの周期はもはや正確に二四時間ではなく、統計的に有意に、数分間あるいは数時間の差がある。このような条件下で観察される概日リズム固有の周期は動物の種によって異なる。さらに種に特有な値の範囲内ではあるが、個体によっても異なる。③いくつかの生理的変数について、異なった変数の概日リズムの位相関係もまた持続する場合がある。

（1）これを行なうには動物を完全暗状態に置くか、あるいは光が認識できないようにする（図7参照）。これら二つのタイプの実験結果は同じである。

いいかえると、同調因子の非存在下でも時間構造のいくつかの特性は保たれる。生理的変数の中には、他の変数と異なり、大きく周期を変えるものがある。たとえば、アショフとウィーファー、さらにワイ

図7　自由継続実験

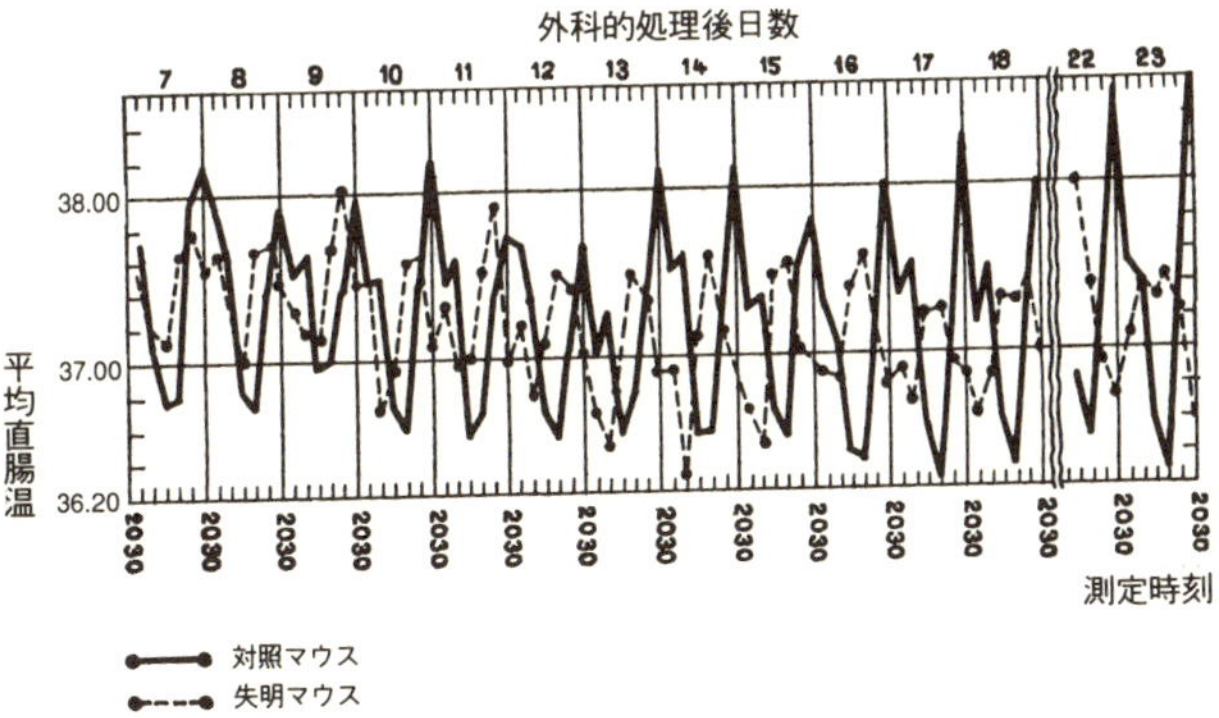

明暗同調因子の認識抑制がマウス直腸温に及ぼす影響．被験群のマウスを失明させ，12時間の明期と12時間の暗期の交替（L:D＝12:12）による影響を取り除いた．対照群には対照偽手術を行なった．失明マウスの体温リズムは次第にずれ，リズムの最高値と最低値が対照動物より早い時刻に出現するのが観察された．外科的処置後3週間目には，被験群と対照群のそれぞれの直腸温曲線の位相が逆転し，一方の最低値は他方が最高値を示す時刻に現われた．

この種の研究によって，対照動物では明暗交替の24時間リズムに対する同調リズムが持続するが，失明動物では概日性の脱同調が起きることが明らかになった．この条件下では概日系の自然周期の存在が認められた（ハルバーグによる）．

ツマンによって行なわれた健常成人の隔離実験では、当初、睡眠・覚醒と体温のリズムはいずれも約二五時間の周期を持っていた（個体差を含め）。隔離一四日目から、被験者の約三分の一がこれらの変数の位相差を特徴とする内的脱同調を示した。たとえば、体温リズムではτ＝二五時間であるのに対し、睡眠・覚醒リズムではτ＝三八時間であった。この隔離実験中は、主要な同調因子のみならず（恒暗状態での生活）、室温、湿度、音などの因子もまた制御されていたことをあらためて強調しておく。

前に紹介した実験の大部分は成体を対象にした隔離実験である。では新生児（仔）の場合はどうであろうか？　この問いに対する答えの一部を与えてくれる実験に格好の実験対象が卵生動物である。孵化するまで卵を恒常環境条件下に置き、新生仔のリズム活動を同じ条件下で分析するのであるが、アショフが研究したヒナやホフマンが調べたトカゲの仔では、環境条件が恒常であったにもかかわらず、出生直後から概日リズムが認められた。同じ考えから、哺乳類の新生仔、とくにヒトの乳児について研究が行なわれた。ヘルブリュッゲ、パルムリー、ハルバーグ、クライトマン、マルタン・デュパン、シッソンの研究では、幸いにも母親と看護婦の協力が得られ、乳児を恒常条件下で育てたところ、乳児は誕生直後からリズム活動を示した。

このリズムは本質的にはウルトラディアンリズム（τ≈九〇分）の領域に入るが、対象とする生理的変数によって多少の違いはあるものの、一定の時間が経過すると初めて概日性となる。ヘルブリュッゲは、発育期に起きるウルトラディアンから概日性への移行が変数によって異なることを明らかにした。すなわち睡眠・覚醒リズムは生後約四〜六週目、体温リズムは約二〜三週目、水分と電解質の腎排泄は約三〜五か月頃に移行する。しかし視交叉上核の概日リズムは、出生八日前の子宮内のラット胎仔においてすでに確認されている（放射能標識した2-デオキシグルコースの取込みを利用した方法で検出された）。

新生児について最もよく研究されているリズムの一つは、睡眠・覚醒交替リズムであり、研究には観察のほか脳波、筋電図、急速な眼球運動すなわちレムなどのポリグラフ記録が用いられた。新生児では覚醒と睡眠は約九〇分の周期に従って起きるが、この睡眠は逆説睡眠または**レム睡眠**と呼ばれる段階に相当する。逆説睡眠中ヒトは眠っており、首の筋肉などいくつかの筋群は弛緩しているが、眼球運動、脳波、自律神経系に支配されるいくつかの機能はあたかも覚醒時のように活発な活動を示す。逆説睡眠にはまた夢や陰茎あるいは陰核の勃起を伴う。ヒトでは成長とともに次第に睡眠・覚醒交替が概日性を帯びるようになり、夜間睡眠、昼間活動になる。しかし成人となった後も一生涯にわたって、睡眠中も活動中も、約九〇分のウルトラディアンの周期性を保持することになる。それは、睡眠の場合には深い眠りと逆説睡眠の交替、活動時では覚醒度の高い状態と低い状態（幻想や白昼夢を伴う）の交替の形で現われる。これらの結果は、すべて比較的恒常な実験条件下に置いた被験者から得られたものであるが、胎児期のウルトラディアンリズムは妊婦の腹壁を通して記録できること（ペトレ＝カデンズ）を付言しておく。

これらの事実を総合すると、ウルトラディアンリズムと概日リズムとのあいだに関連のあることがわかる。ここまでは睡眠のリズムと自律神経機能のリズムを取り上げてきたが、説明を十分なものにするには、成長ホルモン、ACTH、副腎ホルモン、プロラクチンなど内分泌のリズムも同様に挙げておく必要があろう。

ところで、植物あるいは動物に概年リズムのあることは何人かの研究者によって明らかにされたが、ヒトについてはあまりよく知られていない。被験者の隔離実験を恒常条件下で長期間にわたって実施することが技術的に困難なことからも、その理由は容易に想像できよう。

逆説的であるが、最も知られていないのは、じつは植物の概年リズムである。スウィーニィも指摘しているが、後述するように、一年のあいだの昼と夜の長さの変動に依存する開花の年周リズムと真の概年リズムを、ここでは区別しておく必要がある。研究者たちは恒常条件下での概年リズムを研究するため、活動の低下した状態にある植物の種子や球根のほかに、器官の断片や小さな植物を対象とした。ラペィロニーがイネガヤ属植物の種子を恒常条件下で保存したところ、四年間連続して発芽率に概年変動が認められた。ピルソンとゲルナーもまた、アオウキクサの根が六月には十二月の二倍の速さで伸長し、細胞の浸透圧とタンパク質含量が変化することを報告している。

ブノワとアセンマッシェルは雄のアヒルを恒明または恒暗条件下で数年間飼育し、まず精巣の大きさ、ついで特異的なホルモン分泌を測定することにより、精巣活動の概年リズムについて次のような事実を明らかにした。①このような状況下でもリズムは持続する。②年周期は統計的に有意に三六五日と異なる。ペングレーらはアメリカ産小型冬眠動物のマントハタリスを用い、温度と照度の恒常条件下での隔離実験を数年間にわたって行なった。この研究においても概年リズムは恒常条件下で持続し、併せてこのスペクトル領域のリズムの周期に変化の現われることが観察された。冬眠動物の概日リズムと概年リズムの研究は、この問題の一部をなすものである（ケゼルとカンギレーム）。フォン・マイヤースバッハはラットの実験から、代謝酵素活性の概年リズムが恒常条件下で持続していることを明らかにした。ヒトの概年リズムに関する長期の隔離実験は（幸いなことに！）行なわれていないが、クリスチャン・アンビュルジェが一六年間継続して尿を採取し、17-ケトステロイドの尿中排泄（副腎皮質および精巣の活動指標）のスペクトル分析を行なったところ、約三六五日、約一か月、約七日のリズムに加えて、当然ながら概日リズムも存在することが明らかになった。優勢な周期が正確に三六五日ではないという事実は、ヒトの概年リズムが内因性であることを示唆するよい根拠となる。

Ⅲ　同調

1　同調因子の役割

われわれを取りまく環境の数多くの周期性シグナルには、平均して二四時間のリズム性と明確な時間割（たとえば夜明けと日暮れ）がある。ヒトの身体は光、音、気温、芳香、社会、人間関係などのシグナルによって己の体内時計の時刻を合わせている。したがって同調因子とは、生物リズムの周期を《補正》し、リズムの頂点と底点をそれぞれの時間的場所に位置づける、すなわち《時計を合わせる》ことのできる振動を持った環境の一変数であるといえる。例えていえば、機械的な振り子時計の調整のようなものである。われわれの体は振り子の長さを短くしすぎないように（でなければ時計は進む）、あるいは長すぎないように（そうしなければ時計は遅れる）している。いったん周期が二四時間に補正されると、われわれは文字盤の針を適正な位置に合わせる。同じように環境の同調因子は、ほとんど知覚できないように自然に生体の概日リズムを補正し、時刻を合わせている。ヒトですらこの現象を意識していない。

同調因子のなかでも周期性が最も安定し、かつ明確なのが、夜明けと日暮れという決定的なシグナルを持った昼夜の交替（温帯における昼夜の繰り返し）である。したがって、ほとんどの動植物種において明：暗（L：D）が主な（あるいは優勢な）同調因子のように思われるのも、もっともである。生物リズムは、生体の地球環境への最も基本的な適応過程を表していることを忘れてはなるまい。

自然環境条件下では生体は複数の同調因子に曝され、その効果はさらに強まる。夜明けとともに気温が上昇し、ヒトを含め昼行性動物は身体活動を開始し、社会的な動きや音を感知するようになる。日暮れとともに気温が低下し、さまざまな動きや音、臭いなどがその強度や性質などを変化させる。われわれの生息場所（ニッチ）の環境が持つこうしたさまざまな周期変動のいずれもが同調因子のシグナルである。

2 優勢な同調因子またはそれに対する知覚の除去

これには二つの方法がある。一つは、いくつかの環境因子を恒常に保つことであり（たとえば恒暗、一定温度など）、もう一つは、動物を同調因子の影響に対し無感覚にすることである。たとえば明暗交替に同調させた動物の場合、暗室を使用するか、外側から目を覆うか、さらには眼球摘除、視神経切断、または最終的には光感覚系が受けた神経または神経・ホルモン情報が向かう脳の一部を破壊して失明させる。クリーガーやスケヴィングの実験から、恒暗状態に置いた動物も失明させた動物も、時間生物学的には同じように応答することがわかった。いずれの場合も概日リズムが持続し、統計的に有意に二四時間とは異なる本来の自由継続周期を示す。

同調因子が知覚されないということは、さまざまな生物学的または病理学的な状況下で重要な意味をもつ。まず乳児のリズムの問題に戻ってみよう。新生児では神経系はまだ十分に成熟しきっておらず、高次の神経活動が展開されるには数か月から数年も要する。

成人における支配的な同調因子は、本質的には社会生態学的なもので、社会生活の諸条件に結びついた昼間活動と夜間休息の交替がその役割を果たしている。新生児および乳児にとって主要な社会的同調因子とは、母親またはその代替をする人が傍にいるかいないかが交互に起きることである。しかし生後数日の新生児あるいは数週の乳児では、この同調因子を認識できるほど高次神経系は発達していない。この解釈を裏づけるような証拠が、ヘルブリュッゲの行なった未熟児の概日リズムとウルトラディアンリズムの研究によって得られた。すなわち早産ではウルトラディアンリズムから概日リズムへの移行が遅れるが、早産の時期が早まるほど、遅れの程度が増大する。

ヒトにおける社会生態学的同調については、社会生活上の関連のみならず、明・暗、静寂・騒音など生態学的環境要因の交替の認識についても触れる必要があろう。失明した成人の概日リズムについていくつかの研究が行なわれている（ホルヴィッチ、クリーガー、ワイツマンら）。失明によって昼夜の交替が失われるだけでなく、周囲の人びとについての社会的認識がある程度変化する。その結果、失明者の中には概日リズムが変化しているケースがある。とくに血漿コルチゾールの概日リズムの振幅が健常者に比べて縮小している。

3 同調因子の多様性と相対強度

同調因子がすべて同じ強さで生物リズムを補正し、時刻を合わせるわけではない。強さは環境、動物種さらには同一種でも個体により左右される。

この問題に関するいくつかのデータを示す研究がある。一二時間の明期Lと一二時間の暗期Dを交替させ（L：D＝一二：一二時間）、室温を二〇度に保ち、外部からの音を一切遮断した実験室内に、同じ飼育室で飼育した盲目のマウスと正常なマウスを置いたところ、盲目マウス群の休息・活動リズムは正常なマウス群（τ＝二四時間）に比べて脱同調するようになった（τ＝二三・五時間）。しかし実験をさらに継続すると、二〜四か月後には盲目動物の概日リズムの周期と頂点位相があらたに正常動物に同調するのが確認された。正常動物の活動と休息に伴う騒音・静寂の交替が強力な同調因子となり、盲目動物の生物周期性を二四時間に同調させたと考えられる。このことは、生息場所のさまざまな要因が影響して起きることから社会生態学的同調といえるが、盲目動物のあいだでも起こりうることに注目すべきである。すなわち別々の飼育箱で飼育された動物群の間で、正確に二四時間ではない周期であるが、**同一周**

期に従った同調が起きる。

この研究結果から、明暗交替といった同調因子が騒音・静寂交替のような他の同調因子によって置き換えられることがわかる。この特殊な場合の騒音は、社会的かつ特異的な意味合いを持つ。

ある種の鳥類では、確かに明暗交替が重要な役割を果たしているが、ある条件下では囀《さえず》りがきわめて強力な同調因子になりうるので、囀りも考慮する必要のあることがホフマンによって明らかにされた。

ヒトにおける最も強力な同調因子は社会生態学的要因である。健常な男性または女性のグループを対象に、何人かの研究者が隔離実験を行なった（アッフェルボーム、レンベール、アショフ、ペッペル、フラタンスカ）。

われわれの研究グループがアッフェルボームやニリュスと共同で行なった実験では、七人の若い女性を恒温の洞窟に隔離した。彼女たちにはとくに時刻情報を一切与えなかったので、時刻や日付が判らず、さらには外界の昼夜も判らない状態にあった。研究対象とした概日リズムに関する情報は、洞窟の中から地上の研究チームへの一方通行の電話によって記録した。これら若い女性被験者たちの睡眠・覚醒リズムの交替は、自然な状態で正確に二四時間の周期を持っていた。隔離されている間も、もちろんこのリズムは持続したが、周期が延長し、その程度には個人差がみられた。グループで隔離された彼女たち七人の睡眠・覚醒リズムを分析したところ、全員が同じ二四・八時間の支配的な周期を示し、二五・二時間にもう一つの頂点のあることがわかった。いいかえると、外界から隔離されたこの若い女性たちは、正確に二四時間とは統計的に有意に異なる概日周期に対して、彼女たちのあいだで社会的に再同調したのである。

乾燥地帯に生息するある種の齧歯類では、優勢な種の糞臭が他の種に対しシグナルの役目を果たしていることをハイムが報告している。これら二つの種を別々に引き離すと、両方がともに夜行性を発揮するが、生息場所を同じくして生態学的地位を共有させると、優勢な種は夜行性のままであるのに対し、劣勢な種は昼行性に変化する。特異臭がシグナルとなって、遺伝的にプログラムされた位相にずれが生じたのである。

環境の同調因子が競合することがある。たとえば、ある種の動物で一方で明暗サイクルを、他方で給餌サイクルを操作した場合に起きる。ラットやマウスなどの実験動物を自然環境条件下で二四時間自由摂食状態に置くと、活動期に摂食し、休息期にはまったく摂食しないか、ほとんどしない。このことは、自然条件であるか自由継続状態の隔離実験であるかを問わず観察される。夜間活動性の齧歯類では、暗期と摂食、明期と休息の時期が一致する。アケリスがマウスで、クライトマンとエンゲルマンがウサギで行なった比較的古い実験から、摂食時刻が強力な同調因子としての役割を果たすことがわかっている。被験動物を明暗交替に置き、給餌を短時間（二四時間のうち一〜二時間）に制限したところ、餌に近づける時間が暗期に一致するときは概日リズムはまったく影響を受けないが、逆に給餌時間を昼間に設定するとリズムの位相に変化が現われる。これらの夜行性動物が昼間活動的で夜間休息するようになるが、これはいいかえると摂食・絶食同調因子が明暗同調因子より強力になった結果と思われる。実際には、同調効果を発揮したと考えられるのは、摂食時刻が休息期にあったことではなく、夜行性動物を昼間に活動せざるをえなくした点である。今日では、活動・休息交替が告時因子（ツァイトゲーバー）の役割を果たすことが知られている。非日常的な時間に身体活動を強いたり、あるいは短時間作用型ベンゾジァゼピンのような薬物の投与によって、いくつかの生理的変数の頂点位相の位置をずらすなど、齧歯類の概日リズムを変えることができる。

しかしどの種でも摂食時刻が動物を同調させるわけではない。たとえばムーア＝イドは、自由継続状態に保ったリスザルの実験から、摂食時刻は概日リズムに影響を与えないと報告している。

ヒトで行なわれた研究からは、二四時間に一回しか食事をしないような例外的な条件下では、インスリンやグルカゴンなどいくつかの変数に限って、摂食時刻が弱い同調因子となると推定される（一三七頁参照）。

明暗交替はヒトの概日リズムを同調させることができるだろうか？　答えは「できる」である。しかし条件がある。ハムスターやマウスの概日リズムを同調させるためには、ごくわずかな量（数ルクス）

の白色光を照射するだけで十分であるが、ヒトで同様の効果を得るには少なくとも二五〇〇ルクスを必要とする。重要なのは、この比較的強い光がわれわれの概日リズムを同調させうる（ムーア＝イド）だけでなく、メラトニンの夜間分泌を遮断しうる点である（ルーウィ）。夜行性の齧歯類では、夜間から昼間（または夜明け）への移行によるメラトニンの夜間分泌の停止は光に対しきわめて鋭敏であるが、ヒトでは光感受性は著しく低い。たとえば、家庭での照明（三〇〇〜五〇〇ルクス）によるメラトニン分泌の抑制は部分的に過ぎない。後でも述べるが（七七、八六頁）、メラトニン分泌の概日リズムは、脊椎動物ではおそらく明暗同調因子（夜明けと日暮れというシグナルを持つ）といくつかの概日リズムとのあいだを仲介するものと思われる。いずれにしても昼夜の交替は、ヒトの日常生活環境要因の一部をなしており、われわれは社会生態学的因子である昼夜の周期に同調しているというのが適切である。

したがって、ヒトでは、社会生活の時間的制約に結びついた、明かりと騒音の下での活動と暗闇と静寂の中での睡眠の交替が非常に強力な同調因子となっているように思われる。

同調因子の《強度》は、種による違いに加えて、同一種のなかでも、個体により変動する。たとえば二〇〜三〇パーセントのヒトが、同調因子の存在する日常の生活環境条件下で非同期性を示す。非同期性は、睡眠・覚醒リズムが二四時間周期を維持している一方で、体温、筋力、血圧などいくつかのリズムの周期が二四時間と異なるため、脱同調することから生じる。同調因子の効果にはさまざまな個人差がある。アシュケナージとレンベールはこの点を説明するための遺伝的モデルを提唱した。あらためていうが、**同調因子はリズムそのものを創り出すことはない。**周期と位相を制御するものである。

Ⅳ　生物時計（体内時計）

生物時計（体内時計）がいくつか存在することは、一八一四年にすでにヴィレが提唱しているが、一九三九年のジョンソンの実験および一九五三年のビュニングの研究によってその可能性が示唆された。今日ではそれが同定され、確認されている。一九七二年には、ステファンとムーアが齧歯類の視交叉上核（SCN）にいくつかの概日リズムに対する時計機能のあることを明らかにした。その後、他の哺乳類や鳥類でも確認されている。生物時計が正確な時計であるためには次の要件を満たさねばならない。①他から時刻情報あるいはシグナルを受け取ることなく、約二四時間の周期に従って振動する。②周期性が安定した状態で維持されている（とりわけ、周囲の温度に左右されることなく）。③時刻に合わせて調整できる（φとτを操作する）。時計がすべてそうであるように、生物時計が機能するにも十分なエネルギー供給を必要とすることはいうまでもない。

批判もあるが、生物時計という表現は、同義に用いられる**振動体**あるいは**ペースメーカー**という用語と違い、二四時間の標準時計をはっきりと想定させ、理解し易いという利点がある。概日リズムが持っている性質の一つは、周期が周囲の温度にいささかも影響を受けないことである[1]が（少なくともある範囲内で）、ウルトラディアンリズムの場合にはこの性質はみられない。

（1）温度補償性。温度の上昇により反応速度が増大する化学反応と異なり、一部の生物種を除き、概日リズムは環境の温度変化に左右されることなく、リズムの安定性を保つことが報告されている。

1　視交叉上核は生物時計か？

第三脳室の基底部、ちょうど視交叉の上部に、左右対称の視交叉上核を構成するニューロンの集合体が二つ位置している。これら《神経核》のマップは動物種によってかなり異なるが、大きさはきわめて小さく、ラットでは〇・二立法ミリメートル程度、短かく髄鞘のない軸索を持ったきわめて小さなニューロンが一〇四個集合しているにすぎない。

はたして、これが生物時計なのだろうか？　この問いに対しては、次のような三種類の実験的根拠から肯定的な答えが出せる。①視交叉上核は内因性の概日振動体として機能する。②視交叉上核は他の生理機能にリズム性を与える。③視交叉上核は同調因子のシグナルに応答する。

(1)視交叉上核を脳の他の部位から切断しても、その電気活動に二四時間の周期性のあることが、埋め込み電極を使った実験で確認できる。試験管内で約三〇時間培養したラットまたはハムスターの視交叉上核に電気活動のリズム性が保存されるが、視交叉上核の背中線ニューロンによるバソプレッシン分泌の概日リズムもまた体外培養後九六時間持続する。ハムスターの胎仔あるいは新生仔由来の視交叉上核を視交叉上核欠損のハムスターに移植すると、この部分（時計）によってコントロールされているいくつかの概日リズム（たとえば飲水行動）が復活する。ラットでは、明期に視交叉上核の活動が最も高まるのが観察されているが、ハムスターでは電気活動が最高に達するのは明期の終わり頃である。

視交叉上核の一つ一つのニューロンが振動体なのか、あるいは時計として機能するには複数のニューロンが必要なのか、この問題への答えはまだわかっていない。海産軟体動物のアメフラシの場合、特殊なタイプのニューロンの一つ一つに二四時間周期に従って振動する性質があることからも、この問題はきわめて興味深い。

(2)いくつかの動物種で、視交叉上核の両側を完全に破壊すると、いくつかの生理的変数の概日リズムが消失することが知られている。片側のみを部分破壊した場合、この効果はみられない。また破壊部位が大きすぎて視交叉上核の外に及んだ場合には当てはまらない。たとえばラットで視交叉上核を破壊または不活性化すると、歩行活動、摂食（一三四〜一三五頁参照）、深部体温、メラトニン分泌、プロラクチン分泌およびACTH分泌の概日リズムが完全に消失するか、あるいは減衰する。ヴィルズ＝ジュスチスによれば、視交叉上核を破壊するとアセチルコリン、カテコールアミン、オピオイドに対する脳内受容体の概日リズムが消失するという。しかしラットでは、視交叉上核欠損状態でも、コルチコステロン分泌の概日リズムが持続する（アセンマッシェル）。哺乳類や鳥類の場合、視交叉上核の破壊によって減衰または消失する概日リズムの性質や数は、種によって大きく異なる。

⑶視交叉上核の活動を電気的に記録すると、網膜に光を当てたり視神経を刺激すると応答することがわかる。網膜から出発し視交叉上核に至る神経路には、網膜視床下部路と膝状体視床下部路の二つがある。電気刺激のみならず光刺激に作用する物質（アセチルコリン、網膜視床下部路の神経伝達物質として関与するグルタミン酸やアスパラギン酸）を与えると、視交叉上核の活動位相に変化が起きる。

2　生物時計は一つか、複数か？

今日では、視交叉上核が生物時計として機能していることや、それが解剖学的に明確に個別化された一つの組織であることに疑いをはさむ余地はない。しかし中心となる時計が一つあって、すべての概日リズムを支配しているとの考えでは、数種の脊椎動物やさらには種間で観察される複雑性を説明しきれない。

概日振動体のすべてを、一つの主時計あるいはマスター時計がコントロールすることは、理論的には可能である（一〇一頁参照）。しかし、視交叉上核の重要さを過小評価するわけではないが、実験で明らかになった事実からは、**視交叉上核は主時計であるが唯一の時計ではなく、またあらゆる場合に主時計として機能するのではないと考えられる。**ラットにおいても、視交叉上核の破壊によってすべての概日リズムが消失するのではなく、ACTH分泌のリズム性は消失するが、肝グリコーゲンの概日リズムや副腎皮質からのコルチコステロンの分泌リズムは持続する。

遠心性神経路は視交叉上核から出発して松果体に向かう。哺乳類の多くの種では、松果体によるメラトニン分泌の概日リズムは視交叉上核のコントロールを受けているが、他の脊椎動物も同じというわけではない。魚類（カワカマス属）の松果体には神経頭蓋を透過する光に直接感応する光受容体があり、明暗交替に同調する生物時計として機能している（しかし、マスにはこれは見られない）。

鳥類ではいくつかの状況が見られる。スズメ目では、概日リズムの発現に松果体と視交叉上核との連絡は必要ではない。また松果体切除によって概日リズムを喪失したスズメに松果体を移植するとリズムが復活する。さらに、スズメの松果体は試験管内でも概日リズム性を保持する。ニワトリ[1]やウズラのようなキジ目では、視交叉上核を破壊するとリズムは消失するが、松果体を切除しても消失しない。ムクドリでは比率は低いが（一〇パーセント）、松果体切除によってリズム性は失われる。こうした鳥類の種間差は、視交叉上核と松果体とのカップリングの相違に依存する可能性がある（ライター、コラン、アーレント）。

（1）ニワトリの松果体細胞には、概日時計の三つの構成要素（光シグナル入力系、時計発振系、およびメラトニン合成系）のすべてが存在することが出口らをはじめとする複数のグループにより明らかにされ、最近、その光受容タンパク質ピノプシンが深田らによって同定された。

哺乳類、たとえばラットでは、頭蓋骨は光を透過しないため、松果体が直接光に触れることはない。メラトニンの概日リズムは、室旁核、上頸神経節、および交感神経繊維が介在して、視交叉上核によってコントロールされている。周囲の光に関する情報は網膜と網膜視床下部路を経由して伝達される。

フライスナーらは、節足動物（サソリなどのクモ形類やゴキブリなどの昆虫類）を用い、生物時計の種間差について研究した。これらの動物の眼の電気活動は長期間連続的に記録することができる（網膜電図＝ERG）。サソリには一二個の眼があるが、中央眼の光感受性には明確な概日リズムが存在する。側眼は中央眼に比べ視力が劣るが、光度計の働きをしており、光に対しては振幅の小さな概日リズムしか表さない。中央眼の概日リズムは食道上神経節によってコントロールされている。この神経節と中央眼をつなぐ神経路の片側を切断すると、この側の概日リズムは消失するが、他の側では消失しない。さらに概日振動体全体がサソリの夜間の移動運動活動を制御している。片眼のみを完全暗、一二時間明期、一二時間暗期の交替（L：D＝一二：一二）に置いたり、温度を変化させるなど環境因子を操作して右眼と左眼を脱同調させようとしても不可能である。このことから、全体がかなり機能的に構造化されていることがわかる。この系の神経連絡の片側を切断することによってのみ、移動運動活動の概日リズムに変化を起こすことができる。いいかえれば、サソリの概日時間構造は、きわめて強力にカップリングした複数の振動体と複数の同調因子からなり、夜間活動と昼間休息を厳しくコントロールするので、この動物は乾燥地帯で生存することが可能なのである。

進化の面でサソリよりも新しい時代の節足動物であるゴキブリなどの昆虫類では、状況はまったく異なっている。サソリの場合と同じように、左右の複眼各々の網膜電図の概日リズムを記録すると、リズムは恒暗条件下で持続するが、数日後には右眼の概日周期が左眼と異なってくる。その位相差は日ごとに増大し、一八〇度、ときにはそれ以上に達する。一方の眼をL：D＝一二：一二時間によってτ＝二四時間に同調させ、他方を完全暗状態に保つと、τ＝二五・五時間に脱同調させることができる。もしゴキブリに主時計が存在するとしても、その効果はかなり弱いものと思われる。そのために、さまざまな生物時計を互いに同調させる重要な役割を環境の告時因子が担うことになる。

ところで、われわれヒトではどうであろうか？　解剖学的には他の哺乳類と同じように、ヒトには視交叉上核と、夜間メラトニンを分泌する松果体などが備わっている。アショフ、ウィーファーとワイツマンの実験によって、一時的に隔離された被験者は約二週間、τ≒二五時間の自由継続する概日リズム性を示すが、その後体温の概日リズム（τ＝二五時間）は睡眠・覚醒リズム（たとえばτ＝三三五時間）から脱同調することが明らかになった。これは検討対象にしたリズムの安定周期の値が生理的変数によって異なり、さらに二四時間からもずれて内的脱同調を起こしたものである。こうした内的脱同調の状態と、たとえばパリ・ニューヨーク間の飛行時にみられる同調因子の急激な操作によって起きる**移行期現象**を混同すべきではない。

すべてのことが、睡眠・覚醒リズムと体温リズムが、それぞれ異なった二つの振動体に依存しているかのように起きる。たとえば脱同調速度あるいは再同調速度は、体温リズムに比べ、睡眠・覚醒リズムのほうが速く、したがって移行期現象の継続時間が短い（これら二つのリズムの脱同調速度は、副腎皮質活動リズムの場合よりさらに短い）。しかしこれらの振動体は**カップリング**しており、たとえば自由継続状態では、健常成人は体温が下降するときのほうが上昇するときより入眠しやすく、体温の上昇期には目覚めやすい。

おそらくヒトには他の振動体も存在すると考えられる。フォルカードらは心理テストや能力テスト（複雑な仕事や論理的な推論、三段論法の検証など）の概日リズムが、体温・睡眠・覚醒など他のリズムと異なった周期（たとえばτ＝二一時間）を示すことを明らかにした。レンベールらと本橋らは、交替制勤務者のなかに握力の概日リズムが、左右の手のあいだで、また体温・睡眠・覚醒など他の概日リズムに対しても、脱同調を起こしている例のあることを報告している。握力測定が意識的な行為である点に注目されたい（一五頁、図1参照）。これらの結果はモンクの結果とも一致する。

これら一連の事実から、ヒトの生物時計に関して重要な結論が導き出せる。すなわち、①ヒトには複数の時計が存在する可能性がある。②時計は、松果体や視交叉上核のある原始脳のみならず、大脳の新皮質にも存在する可能性がある。③時計は、左右の大脳半球によって異なる可能性がある。解剖学的に複数の振動体が一つ一つ確認されていないからといって、それは大した反論にはならない。なぜなら、振動体としての機能を持ったものが問題なのであり、リズム性現象を発現させるには、二、三のニューロン群（または機能群）をカップリングさせるだけで十分である。その一例が縫線や脳幹などに局在する神経細胞集団を介在させた睡眠・覚醒リズム（と逆説睡眠）の概日およびウルトラディアン体制である。要するに、新皮質によって一部制御される振動体の存在から、ヒトの概日リズムの同調が示す独特の性質を説明できるかもしれない。

3　生物時計の概日同調

単細胞真核生物やアメフラシの網膜ニューロンなど、一見単純な系は、光感受性受容体と同時に概日振動体を持っており、夜明けおよび／または日暮れという時刻情報を処理し、解釈することができる。頭蓋骨が光を透過させ、光刺激が直接松果体に到達するある種の脊椎動物の場合もこれに当てはまるが、ある種の鳥類や哺乳類ではもはやこうしたことはみられない。光環境からの光シグナルは網膜で受容され、網膜視床下部路を経由して視交叉上核に到達する。そこでシグナルは処理され、室旁核と交感神経繊維が始まる上頸神経節を介して松果体に伝達される。このようにして視交叉上核のリズムは、夜間の松果体からのメラトニン分泌リズムのスケジュールを制御する。メラトニン（および合成酵素の一つであるセロトニン-*N*-アセチルトランスフェラーゼ：NAT）の盛んな分泌は夜の開始とともに始まり、夜明けとともに止《や》む。齧歯類や羊など光感受性の高い動物では、メラトニンの血漿中濃度が上昇する時刻と持続時間は、二四時間スケールで夜間に一致し、血漿中濃度の低い時刻は昼間に相当する。昼間（明期）と夜間（暗期）それぞれの長さは、夜間のメラトニン濃度の高低よりむしろ分泌曲線の上下へのブレによって、生体のさまざまな系に伝えられる。メラトニン（およびNAT）の概日リズムは、連続暗条件下と同様に、明期においても振幅は小さいが持続する。昼夜交替が支配的な同調因子である場合には、ほとんどの哺乳類で、種々の系が昼夜交替を知る手段の一つとしているのが、メラトニン分泌の概日リズムと視交叉上核とのカップリングであることに違いない。

明暗交替に比較的鈍感なヒトの場合、社会生態学的要因によってもたらされる情報は新皮質で処理されていると考えられる。さらに、われわれが複数の振動体を対象とする複数の同調因子を同時に利用することができるとしてもなんら不都合はない。

ある種の環境要因には、すべての生物の概日リズムの様態を変化させる力があり、この変化はマスキング効果と呼ばれている。たとえば眠るという行為はヒトの体温の概日リズムの様態を変える。徹夜など、自ら断眠した場合には、眠ることのできるときには見られない正弦曲線にきわめて近い波形の体温リズムが現われる。つまり睡眠がこの概日リズムに対してマスキング効果を及ぼす。ヒトでは、マスキング効果は同調因子の効果のように、原始脳すなわち植物脳のみならず新皮質にも関与している可能性がある。

V　概日同調の概年統合——時間生物学と光周性

この分野で最初に仮説を提唱し、説得力のある実験的な証明を行なったのは、やはり植物学者である。

多くの被子植物では、花芽形成の生理過程は昼夜交替における光照射時間の長さ、または明期の長さに依存する（光周性）。ガーナーとアラールは、光周性によって植物を三つのグループに大別した。

①短日植物（長夜植物としたほうがむしろ適切である）――タバコ（メリーランド・マンモス品種）の生産量を上げる目的で、ガーナーとアラールは七月にタバコを一八時から朝の八時まで暗所、すなわちL：D＝一〇：一四の条件下に置いた。自然条件下（L：D＝一四：一〇）に置いた対照群がいぜんとして生長期にとどまっているのに対し、処理群は急速に開花した。メキシコ原産の低木、ポインセチア（トウダイグサ科）は、原産地のクリスマスの頃の光周期を再現する条件、すなわち一〇時間明期、一四時間暗期の状態に置きさえすればいつでも開花する。こうした操作は、いくつかの植物種には開花のための有利な条件として働くが、キク、キクイモ、アカザなどその他の植物は夜長の季節にしか開花しない。もちろん、光合成によって生理的に十分な栄養を確保するための最小限の受光量は不可欠であり、それがなければ開花しない。

②長日植物――昼夜交替において、日長が十分に長く、春や夏の自然条件が再現された場合にしか花芽は分化しない。その条件はある植物（アイリス、ホウレンソウ、ルリハコベ）に対しては開花の必須条件のひとつであるが、他の植物（春蒔きのコムギやライムギ）にとっては有利な条件の一つに過ぎない。

③中性植物――開花に光周期が影響を及ぼさないか、及ぼしてもきわめてわずかな植物で、バラやトマトがこれに当たる。

この現象を説明するため、ビュニングはじつに見事な仮説を提唱した。すなわち植物は生物時計を使って夜の長さを測る。長夜植物にとって、生物時計で測った光感受性の臨界間隔（限界暗期）の間には、たとえ一時間の光パルスであっても光は禁忌である。効果的にうまく開花に至るには、光周期における明期の長さが臨界日長と一致（符合）しなければならないというものである。このことからこの仮説は**外的符号説**と呼ばれている。昼と夜の長さは一年を通して変化する。一年のうちある時期に花芽（生殖器官）が誘導されるのは、一日の昼と夜のそれぞれの長さ、いいかえれば光（あるいは暗）に対する植物の感受性の概日リズムに依存するとも考えられる。光のメッセージが正しく解釈されるためには、二四時間スケールで《至適時刻》にメッセージが到達しなければならない。人間社会に例えていえば、小包を至急郵送したいときは、ただ郵便局に早く持っていくだけでなく、郵便局が開いている時間や収集時刻を考慮する必要があるのと似ている。

ホシザキとハマーは長夜植物（短日植物）のダイズの開花の研究で、ダイズを八時間の明期のあと、周期的に長さの異なる暗期に曝した。暗期が長くなれば花芽の数が増加すると想像されたが、実験結果は異なっていた。二四時間の明暗サイクルで、暗期の長さを一時間から一〇時間に延長する間は開花率は低いが、一六時間のときに開花率は上昇し最高に達した。暗期の長さをさらに延長すると、開花率は低下し最低となった。その後、再び上昇に転じ、周期が四八時間の昼夜サイクルで暗期の長さが四〇時間のとき最高値に達する。明期を常に八時間に設定し、サイクルを七二時間とすると、開花の新たな頂点が観察されることだろう。したがって、重要なのは《暗期の終わり》と《暗期の始まり》の信号が適切な時点に到達することなのである。

メルチャースとビュニングが報告したもう一つの古典的な例は、長夜植物（短日植物）のカランコエに関するものである。実験では六二時間の暗期と一〇時間の明期を交替させた（つまり三日間隔で）。暗期中、試験植物群それぞれに対し、二四時間スケールで異なる時刻に、一時間の光照射を行ない、暗期を中断した。花数の平均値は、光照射を行なった時刻と密接に関係していた。花の数は、植物の光感受性が最高のときには約五〇〇個、最低のときは五〇個程度と、振幅の大きなリズムが現われた。この植物実験《モデル》は、動物学においてしばしば観察されるものによく似ている（八四〜八八頁参照）。

花芽誘導における概日リズムの役割は、長日植物ではさらに明瞭である。植物に負荷する昼夜交替を六〜七二時間のあいだで段階的に配置するとき、一二、三六、六六時間のサイクルが有効であるのに対し、二四、四八、七二時間のサイクルでは効果がない。

ケイロスの研究により、これら感受性の概日リズムが酵素活性、とりわけホスホエノールピルビン酸カルボキシラーゼ（PEPカルボキシラーゼ）[1]活性の概日リズムに結びついていることが明らかにされた。そこから生じる概日代謝振動は、光周性の限られた条件下でしか出現しない。たとえばカランコエのようなベンケイソウ科植物では、この代謝振動は短日で現われるが長日では現われない。

（1）ホスホエノールピルビン酸（PEP）と炭酸からオキザロ酢酸を生成する反応を触媒する酵素。動物には存在しない。植物では、C_4ジカルボン酸経路やベンケイソウ型有機酸代謝経路などにおける炭酸固定酵素として光合成に関与する。

光周性現象は生殖器官の成熟に関わりがあるが、植物（花）に限らず、動物（生殖腺——卵巣と精巣）にも同様の現象がみられる。

脊椎動物では、生殖は神経・内分泌系事象のカスケードによって制御されており、必ず次のような段階を経て進行する。すなわち、視床下部から放出因子が分泌されると、下垂体前葉から分泌される二種類のホルモン、黄体形成ホルモン（LH）と卵胞刺激ホルモン（FSH）の放出が起きる。卵胞刺激ホルモンは卵巣における卵胞の形成を刺激し、その結果発情ホルモン、とくにエストロンが分泌される。黄体形成ホルモンの分泌は、卵胞の破裂、排卵、および黄体の形成を引き起こす。黄体は黄体ホルモンを分泌するが、エストロンと黄体ホルモンの分泌によって、今度は卵細胞の形成と受精のための変化が生じる。とくに哺乳類では、卵巣からのホルモン分泌によって膣や子宮に変化が生じ、精子による卵の受精や受精卵の子宮内粘膜への着床を可能にする。

黄体形成ホルモンと卵胞刺激ホルモンは、雄では精巣を刺激し、その大きさと活動を増加させる。その結果は主にテストステロン分泌の昂進と精子形成の増加となって現われる。

これら性ホルモン分泌の変化は、二次性徴の変化（生殖に際して出現する雄や雌の体色などの変化、鳥類における外被や羽毛、ならびに哺乳類の毛並みの色彩変化）を決定し、行動の変化をもたらす。たとえば婚姻行動（ダンス、鳴き声など）や、温帯で繁殖し、冬を熱帯や亜熱帯で過ごす渡り鳥のような移動性の動物種にみられる地理的移動などがその例である。

時間生物学的視点からみると、ある物質、たとえばホルモンの作用は、①分泌あるいは注入によって生体内に出現する時点と、②そのホルモンの標的器官が至適感受性を示す時点によって左右される。このことは、二四時間スケールの概日リズム、月単位の女性の概月リズムについても当てはまるが、さらに年単位の内分泌や生殖活動の概年リズムにも該当する。たとえば、性腺刺激ホルモン（黄体形成ホルモン、卵胞刺激ホルモン、またはその両方）を投与する場合、一年のうちある時期以外は十分な効果が期待できない。いいかえれば、**ホルモン分泌の概年リズムだけでなく、標的器官の受容性の概年リズム**もまた考慮しなければならない。

本節では、一年の時間測定における概日時計の有用性について言及しているが、同じように重要な第二の注目点、光周性と概年現象の誘導因子としての一日の日長（または暗期の長さ）について、ぜひとも触れておきたい。すべての宇宙リズムのなかで、光周期リズムは最も安定しており、したがって最も信頼性が高い。しかし、光周性が重要であるとしても、生殖リズムのような概年リズムには、暑熱と寒冷の交替リズムなど他のリズムが影響することも忘れてはならない。

たとえばトゲウオで、一日の日長変動が支配的な役割を果たしているとは考えがたい。この魚の場合、水温の変化によって生殖腺の発達、雌雄の独特の行動、雄における玉虫色の婚姻色の出現などが起きる。養殖のマスに見られるように光が直接的な要因のときは、メラトニンの夜間分泌が支配的な役割を果たす。この魚から摘出した松果体を試験管内で培養して調べたところ、このホルモン分泌の昂進が暗期の開始時刻と長さにぴったり一致することがわかった(ゲルン)。また、光の波長も影響する。メラトニン分泌を最も強く抑制するのは、緑色光と黄色光のあいだのスペクトル領域に属する光線であり、赤色光と赤外線の抑制効果が最も弱い。これらの魚類では、メラトニンの概日リズムが年間の体色変化や活動・休息のリズム、および生殖諸機能のリズムを制御している。

一方、**鳥類の概年生殖リズムにおける**光と光周性の役割が、かなり明確に実証されている。とくにロウアン、ブノワ、ファーナー、アセンマッシェル、マナカーの研究によって、春における明期の延長が、下垂体・生殖腺刺激因子としての役割を果たすことが証明された。最初の証明は、カナダで冬に捕獲したアトリ科の鳥、マシコを使って行なわれた。鳥を二つの籠に入れ、自然の太陽光の下に置いた。一方の籠には十一月から日暮れ時に一定時間電灯の光を照射し、照射時間を毎日五分ずつ延長した。この人工的な春によって、長時間の照射を受けた籠の鳥は十二月に鳴きはじめ、一月には温度が低いにもかかわらず交尾した。自然状態で照射時間の短かった籠では、三月にならないと鳥は交尾行動を示さなかった。

この実験はカナリヤやアヒルなど他の種についても追試され、同じ結果が得られた。ブノワはアヒルの下垂体への光の直接的な影響を強めることで、下垂体・生殖腺刺激が関与することを確認した。スズメでは、おそらく日長の延長が直接的な要因というより、むしろそれによって活動時間が延長し、間接的に下垂体刺激が誘起されるものと考えられる。たとえばケンダイトは、スズメを回転籠に入れ、光照射時間を変えることなく強制的に活動期を延長すると、生殖腺が刺激されるのを観察した。

これまで述べてきた動物種の場合、春における生殖現象へのシグナルは、日長の延長であるのは事実としても、たとえば皇帝ペンギンのように秋に繁殖する鳥類については検討の余地が残る。この場合もやはり光周期の変化が関与するが、その効果は昼夜交替における日長短縮によるものである。したがって、松果体や下垂体の活動に対する光の影響という点から、植物の開花の例のように、**長日動物**と**短日動物**が存在するのではないかとも考えられる。渡り鳥のなかには、ツバメのように、短日に感受性を示すものがいる。ツバメは秋にはフランスを去り、南半球で生息するため赤道を越える。一月と二月に赤道の南側で日長が短縮すると、ツバメの精巣と卵巣は再び年周性の発達を開始する。やがてツバメはフランスを目指して飛び立ち、性的成熟期の春に交尾する。

ところで、外的符合の考え方を取り入れたビュニングの仮説は、観察された現象をすべて考慮したものではなく、とくに動物では説明できない場合がある。そこで、この仮説を一部改変することで解決が図られた。これがピッテンドリによって提唱された内的符合の考え方である。日暮れや夜明けのシグナルは、たとえばメラトニン分泌の高レベル域（プラトー）の始まりと終わりのような一過性の代謝事象に翻訳される。生体は生物時計を使って夜間のメラトニン分泌のプラトー持続時間を見定める。このことは、とりもなおさず夜の長さを測定し、さらに季節を認識することになる。夜明けと日暮れを示す時間的な境界は、一定時間の暗期に対し、二つの概日事象間の臨界期間（これら生殖現象に対する）と一致（符合）するはずである。メラトニン分泌のプラトーの両端または他のホルモン分泌のピークなどがその例であるが、これには、たとえば今まで述べてきた季節移動のような生殖につながった行動過程も含まれる。

これまで鳥類の例で指摘してきた事象は、すべて哺乳類にも該当する。イタチ科の動物フェレットは、アトリ属の鳥類のように日長の延長に感受性を示す。しかし、眼を介さず松果体が直接光に感受性を示す一部の鳥類と異なり、視覚器の介在は不可欠である。視神経を切断すると、日長の延長による性腺刺激効果は抑制される。ハタネズミでは、明期の長さが短縮すると生殖腺が小さくなるが、逆にシカの発情期は日長が短縮する秋である。モルモットやハタリスは、昼夜の長さやその変動には感受性を示さない。暗状態で生息するモグラも同様である。

哺乳類では、ヒツジとハムスターを使って、光周性と関連した生殖の年周メカニズムで、松果体とメラトニンがどのような役割を果たすのか精力的に研究が進められた。松果体を摘除すると、生殖活動は環境の年周期から脱同調する。こうした条件下では、出産が生存に最適な時期である春に起きないため、繁殖が成功するとは限らない。メラトニンを適時、適切な期間投与すると、松果体欠損動物の生殖は修復される。ハムスターでは、メラトニン濃度曲線のプラトー部分を短くすることで長日の状況が再現され、その結果、自然状態で明期が延長するときに現われる性活動が刺激される。長夜動物のヒツジで生殖を誘起するには、メラトニン濃度曲線のプラトーを長くする必要がある。しかし、プラトー（およびプラトー間の間隙）の長短だけでは不十分である。メラトニン濃度の高い時間が、二四時間スケールで適切な時間帯になければならない。オルタヴォン、ペルティエ、ラヴォーの研究によって、メラトニンが作用する標的系の感受性に概日リズムの存在することが明らかになった（時間感受性一一六頁参照）。実用面からいえば、メラトニンを適当な時期にヒツジに投与すると、肉のみならず羊毛の生産量が上がる。たしかに多くの哺乳類で、冬毛の換毛が光周性によって制御されている。毛皮の研究が盛んなミンクでは、メラトニンの適量投与により飼育コスト削減が可能ともいわれている（マルチネ）。

概年リズムにはまた、たとえば種羊の生殖腺発育にきわめて重要な役割を果たすプロラクチンのような他のホルモン類の影響もありうるが（オルタヴォンら）、さらに複雑なメカニズムも考えられる。たとえば、リスやマーモットなどの動物では、生殖腺刺激ホルモンが効果を発揮するのは、一年のうちの短い期間にすぎない。生殖後には精巣は腹腔内に上昇し、精子形成が阻害される。

VI　周期と位相の柔軟性
——同調因子操作による周期変化と頂点位相変位の必要条件

一定の条件を満たせば、ウルトラディアンリズム、概日リズムおよびインフラディアンリズムに、本来とは異なった周期を負荷することができる。アルヴァニタキ（ニューロンと神経繊維の自律活動）やレンベール（カタツムリの摘出心臓のリズム活動）の研究によって、律動性刺激を一挙に加えると、ウルトラディアン系に固有の周期が変わりうることがわかった。しかし、どんな周期でもよいわけではなく、律動性刺激の周期が興奮系固有の周期に近い必要がある。負荷する周期が律動的過程の自律周期に近いほど、同調は容易であり、かつ長く持続する。自律周期から大きく離れると、自律周期の優勢な状態が継続する。

同じような結果が概日リズムや概年リズムについても得られている。同調因子の位相を操作することにより、ある種の動物の概日リズムに二〇時間から二八時間までの周期を負荷することができる（これが多くの研究者に、概日リズムの周期に二〇から二八時間の開きがあるとの認識を与えたゆえんである）。ラットやマウスでは明暗サイクルを、ヒトの場合は活動と休息の周期を操作することで、これが可能となる。

たとえばヒュー・シンプソンとメアリー・ロバンは、北極圏に位置するスピッツベルゲンで、夏の間一日中太陽が出ていることを利用して、志願した被験者に二一時間の概日リズムを負荷しようと試みた。実際には一日二一時間の周期で時を刻むが、見かけは通常の時計のように二四時間周期に設定した変造時計を被験者に渡した。このような条件下で概日リズムのスペクトル分析を行なったところ、尿のpHなどいくつかの生理的変数では二一時間の周期が支配的であるのに対し、塩素やナトリウムの尿中排泄などの変数には、約二四時間と約二一時間の二つの優勢な周期が観察された。カリウムや17-ヒドロキシコルチコステロイドの尿中排泄など第三のタイプの変数では、支配的な周期はわずかな差はあるが二四時間の付近にとどまっていた。

いいかえれば、生理的変数には容易に操作できるものと、できないものとがある。操作が容易でない場合は、変数が負荷された周期から部分的に逃れて、あたかも生体が自由継続状態にあるかのようにすべてが進行する。同じようなタイプの実験を、ウィーファーがドイツで、ミルスが英国で、グアールがフランスで実施したが、いずれも一致した結果が得られた。概日リズムを二四時間付近の周期に応じて同調させることは可能であが、同調の変動幅は変数によって異なる。また同じ変数でも、個人内および個人間の差によって変動幅に差が生じる。同調因子の周期が二〇時間以内あるいは二八時間以上のときは、概日リズムは同調せず、生体は同調因子の存在しない隔離状態に置かれたかのようになる。

ほとんどの場合このような状況であるが、例外もいくつか知られている。参考までに紹介しておく。ラットを、二四時間に等しいか、または二四時間と異なる周期に応じて同調させるには、約一〇〇から六〇〇ルクスの人工照明を用いる。ゴッフとフィンガーは、明暗サイクルの明期にきわめて強力なランプ（六〇〇〇ルクス）を用い、ラットのリズムを強制的に一六時間に変えることに成功した。こうした実験では、同調因子である光の周期だけでなく強度を操作するため、条件はある程度《人工的》なものとなる。しかしボアッサンとアセンマッシェルは、ウズラを使って光の強度を変えることなく、単に明暗サイクルの周期を操作することで、活動と休息および副腎皮質活動の概日リズムを一六時間から三六時間の周期に同調させることに成功した。これらの実験結果から、種差が存在することや実験条件を常に可能な限り正確に規定しなければならないことがわかる。

概年リズムに関しては、ゴスが見事な同調実験を行なった。自然条件下では、雄のニホンジカの枝角は概年リズムを示す。枝角は生殖期である秋に成長するが、精巣活動とテストステロン分泌のサイクルと連動している。人為的に長日系を再現するため概日リズムの光周期を操作することにより、六か月の間隔を置いて年に二回、枝角を成長させることができる。三回成長させることも可能ではあるが、かなり困難である。光周期と概日性の明期を操作することで年に四回の成長を試みたが、《逃げ》が観察され、概年周期性のリズムに戻った。

周期の操作にはもちろんリズムの頂点位相の変位が伴う。しかし、同調因子の周期を一定にした条件で頂点位相のみを変位させることができる。たとえば、L：D＝一二：一二の系で同調因子の位相が一八〇度変化すると、すべての概日リズムの頂点位相が一八〇度移動する。このタイプの実験は、単細胞真核生物のほか、植物やヒトを含めた動物で実施されている。

ヒトで、周期を変えず社会・生態学的同調因子の概日位相を変化させる試みが、二つの特殊な条件下で行なわれた。一つは**東西飛行**であり、もうひとつは《交替制勤務》による勤務時間帯の変更である。たとえばパリからニューヨークへの飛行のように、六つの標準時帯をまたぐ移動は、さまざまなリズムの頂点位相のずれを伴う。たとえば日中勤務する日勤から、一部あるいはすべてが夜間勤務の夜勤へ移行する交替制勤務者の場合も同様である。ほとんど実験ともいえるようなこれら二つの状況下では、生体は自らを時刻に合わせようとする。新しい時刻に《適応する》ため、さまざまなリズムの頂点位相を移動させようとするが、その効果や結果がでるには、告時因子の位相変化が五〜六時間でなければならない。すなわち夏時間から冬時間への移行、あるいはその逆の場合のように、位相のずれが一時間では、成人や小児の時間構造に重要な影響はまったくみられない。

数多くの実験が行なわれたが、得られた結果は一致している。すなわち、**調整に要する時間の長さは、次のようないくつかの状況または要因によって変動する。**

(1)調整に要する時間は、特定の個体や動物種では生理的変数により変動する。たとえばヒトでの頂点位相の調整は、睡眠・覚醒サイクルでは二四または四八時間と比較的速いが、体温の概日リズムでは五〜八日を要し、副腎皮質活動の概日リズムでは一ないし三週間とさらに遅い。

(2)生理的変数が同じ場合、新しい時刻への調整速度は、①動物の種によって異なる。②同一種の同一個体の場合、調整速度は同調因子の操作方向によって異なる。③同調因子の位相を同じように操作しても、調整速度は個体によって異なる。ここで、少し補足説明をする必要がある。②に関していうと、位相前進（ニューヨークからパリへの飛行）と位相後退（パリからニューヨークへの飛行）とでは、時間生物学上、意味が異なる。このことはアショフが鳥類を、ハルバーグがラットを使い、実証した。ヒトについてはハルバーク、クライン、そして著者らが証明している。同調因子の位相変化が時計の針の方向に起きると、約八五パーセントの人びとで、逆の方向に比べてリズムの操作が困難になるように、あたかもシステムに極性が存在するかのごとく、すべてのことが進行する。③の場合、同じ動物種でも、個体によって調整速度にかなりの違いがある。たとえば、ユニスはマウスでは新しい時刻への調整速度が遺伝系統に依存することを明らかにした。さらに同じ系統のマウスでは、幼若動物のほうが、老齢動物より速く調整する。われわれの研究グループがショウモン、ヴィユー、ラポルトと共にヒトについて行なった研究からは、速く調整する能力を持った人たちがいる一方で、それのできない人びともいると考えられる（一五〇～一五一頁参照）。

Ⅶ　生物周期性の特質——事実と仮説

1　物理モデルと数理モデル

周期現象はいろいろな理由から物理学者の関心を引きつけているが、操作し、分析し、定量化する彼らの方法に魅了された時間生物学者は一人にとどまらない。したがって、律動的作動モデルに支援を求めるのは当然の成り行きであり、また望ましいことといえる。

ファンデルポールは、ごく単純な装置を使って得られるリズム性変動を、**弛張振動**の名で記述してい

図8　弛張振動を得るための簡単な装置（ファンデルポールによる）

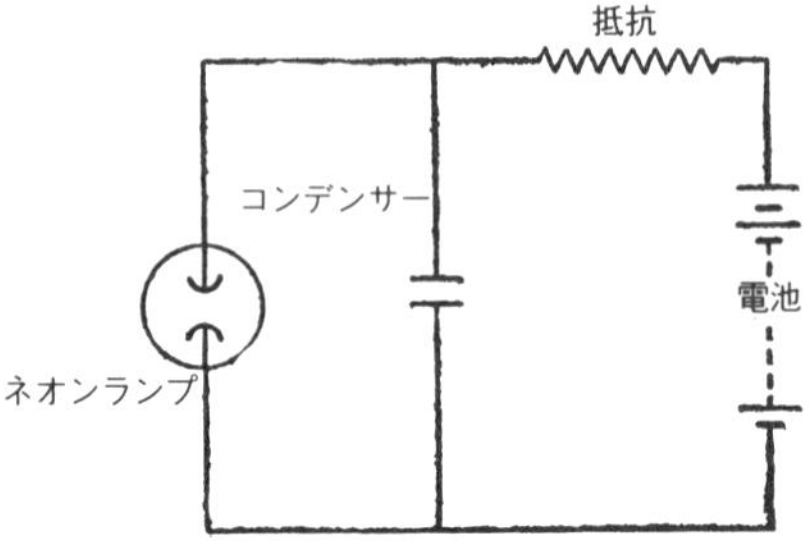

る（図8参照）。

装置は、電池、抵抗、コンデンサーを直列に接続したもので、コンデンサーにはネオンランプがつながれ、分路が作られている。コンデンサーの端子の電圧がランプの放電開始電圧に達するとランプはコンデンサーと短絡し、放電が起こりランプが灯る。次に《不応期》が現われるが、この間、電池は端子電圧があらたに放電開始電圧に達するまでコンデンサーを充電する。ランプは点灯し、以後、同様のことが繰り返される。

ファンデルポールは次にこのタイプの回路を三つ連結し、電圧の変動が一定の方向に少しずつ影響を与えるようにした。ある条件下では、こうした回路によって生体系から得られるものと比較可能な電位変化が記録できる。

物理モデルの研究は、サイバネティクスの発達によってさらに進展し、ある種の機器や機械装置、電子装置、システム装置などの制御と伝達機構の研究が進められている。サイバネティクスは、信号ならびに電子回路などによる信号の伝達の分析に基礎を置いている。

サイバネティクスによって発達したきわめて興味深い概念の一つに、フィードバックがある。ある種の機械には、規則正しい作動を保証するための精巧な調節器が内蔵されている。機械がオーバーランしようとすると、調節器は機械装置から一定のエネルギーを先取りする。機械は減速することでそのエネルギーを調節器に《戻す》。このフィードバックは、機械と調節器とのあいだの密接な依存関係、すなわち一方から他方への絶え間ない往復を意味するが、回路は単純な場合もあれば、網目のように複雑な場合もある。調節が行なわれることで、両方に平衡の理想的な状態の律動振動が出現する。この考え方は、フィードバックの概念としてホメオスタシスの観点から問題を検討するときの基礎となる。

理論時間生物学において大いに役立った数理モデルに、リミットサイクルモデルがある。このモデルは、生物リズムのような非線形プロセスの研究に素晴らしい特性を発揮するが（ウィンフリー）、残念ながらことのほか柔軟性に乏しく、可変性をまったく受け容れない。しかしながら、生体の環境への適応を可能にする柔軟性こそが、時間生物学的過程の特徴である。実際には、非線形プロセスの生物学的応用に興味を示す数学者がいなくなったという単純な理由で、生物リズムのモデルは考案されていない。

比喩することができたとしても、それはなんら証明したことにはならない。いかに巧妙なモデルであっても、数理モデルによって生体で観察されるリズム現象は説明できない。モデルは作業仮説を提供することで研究の方向づけをし、さらには想像したり、考える材料を提供するものである。現在、これらのリズムのモデルが目指しているのはこの方向である。すなわち、実験者が仮説を証明するために、可能性のある数多くの実験の中から妥当なものを一つ選択できるよう支援することが主な目的である。この新しい展望の下に、モデルの利用が研究作業に建設的な方法で取り入れられ、作業をより効率的かつ実りの多いものにすることが求められている。

2 ホメオスタシス理論と時間生物学

クロード・ベルナールが提唱した内部環境の恒常性理論は、彼が十九世紀の生物学に与えた最も大きい成果の一つである。キャノン[1]はその理論に心酔し、ホメオスタシス[2]と名づけ、後世の生物学者たちが自明の真理として考えるようになった《法則》に作り上げた。しかし厳密なホメオスタシスの信奉者たちは、生物ではすべての調節が平衡状態と恒常状態に至るように働くはずであるとの前提に立って、生物リズムの研究を非難し、その発展を遅らせた。もしその前提が正しければ、生体に起きた乱れは、フィードバックの概念からすれば、生体側からの調節を引き起こし、その結果、平衡状態を中心に振動として生物リズムが出現する。ホメオスタシス理論やフィードバックの概念では、生物周期現象を説明することはできない。いずれの考えも、生物学に時間の次元、すなわち「いつ?」という問いへの答えを導入するものではなく、フィードバックの過程そのものの中には周期の値の評価は含まれていない。

（1）Walter Bradford Cannon（一八七一～一九四五年）米国の神経生理学者。

（2）「類似の」を意味するギリシア語 homoios 由来のラテン語と、平衡状態を意味する stasis との複合語。

恒温動物では、内部環境（水分、電解質、栄養素についての）と体温との相対的恒常性が維持されねばならないことに間違いはない（実際には、これらの生理的変数はすべて、中程度もしくは微弱な振幅の概日リズムを示す）。自然環境の中で、動物は二つのタイプの事象に直面する。一つは、地球上での昼夜の変動および季節変化に関連したもので、予知可能である。もう一つは予知不能な偶発事象である。振幅の大きい概日リズム（コルチゾール、アルドステロン、バソプレッシン、カテコールアミンなどの）によって、生体は**環境の周期変動**を予知できるので、**あらかじめこれに対応することが可能となり**、内部環境の相対的恒常性が確保される。これが**長期調節**である。予知不能な事象（無周期性）には、フィードバックが関与する応答が存在しうる。これが**短期調節であるが**、このタイプの応答もまた、標的系の概日体制により調節される。これがマスキング効果の説明である。

内部環境の調節自体、規則正しくかつ予測可能なように変動することから、概日領域では時刻によって、概月領域は日によって、概年領域は月によって、それぞれ異なる**複数のホメオスタシス**が存在するものと考えられる。

3 《体内時計》と振動体の問題

アロン・カチャルスキーやイリヤ・プリゴジンなど生物物理学者は、熱力学の法則を生物学に応用するための条件の再検討に取り組み、その結果、非平衡状態の熱力学が発展した。エネルギー面からみると、生体系での交換は平衡状態からほど遠いところで行なわれるとの考え方が導きだされる。生物学で平衡といえば、交換が行なわれない状態、すなわち死を意味する。したがって、ほとんどの生物現象が律動性を持たざるをえないものと考えられる。

チャンスなど生化学者たちは、いくつかの単純な代謝過程が律動的に現われることを明らかにした。まず酵母細胞で観察され、その他多くの組織においても確認された解糖の振動がその例である。細胞の解糖系（酵素と基質）を分離し、試験管内で振動を持続させることができた。振動は共役した二つの振動体が作用する現象に起因するが、ここでのリズムは高周波リズムである。

より複雑な系では、**ネットワーク化された複数の振動体**が作用し、ウルトラディアンリズムやさらには概日リズムが現われる。リズムの出現には、ネットワークの分岐点の一つ、たとえば一つの酵素の活性に二四時間の周期があれば十分である。実際にそのような酵素は存在し、ケイロスがその中の一つを見つけた。それはホスホエノールピルビン酸カルボキシラーゼ（PEPカルボキシラーゼ[1]）で、カランコエ（ベンケイソウ科植物）のある種の概日リズムの出現に関与する。PEPカルボキシラーゼの酵素活性の概日リズムは試験管内でも持続する。この酵素タンパク質の高次構造は概日リズムに従って変動し（核磁気共鳴によって証明された）、その形状の変化が酵素活性を変える。この酵素活性に依存する代謝経路の開放性も、その結果、概日リズムを持つようになる。これが生体において、ある時刻にある一定の代謝経路が開き、その他の経路は他の時刻に開くメカニズムの一つとも考えられる。PEPカルボキシラーゼが生物時計ではないのは確かであるが、カランコエについては想定されている部分の一つである。

（1）八二頁注を参照。

細胞や細胞内構造レベルで何が起きているかを知ることが重要である。それゆえこの領域では、とくにヘィスティングス、エドマンズ、スウィーニィ、シュワイガー、ファンデン・ドリッシェ、ジェレブゾフ、セルコフ、レンジングらの真核生物についての研究など、きわめて活発な研究が行なわれた。

細胞レベルで明らかにされた概日リズムは、細胞内構造レベルでも検出することができるのだろうか？　いいかえれば、細胞の中に概日性の生物周期性を担当する特別の構造が存在するのだろうか？　当然のことながら、細胞核の役割が研究された。エーレは、周期が遺伝暗号の《読み取り》に必要な時間に一致するリズム性を発現させるクロノンの仮説を立てた。しかし、彼が提案した実験的モデルは酵母についてのものであり、残念ながら一般化できない。単細胞藻類のカサノリでは、核を除いてもリズムが認められるが、かなり例外的といえる。ファンデン・ドリッシェの実験結果は、おそらく長い生存期間中のメッセンジャーRNAの蓄積が、少なくとも、除核したカサノリの概日リズムが持続する原因の一部であることを示している。

いくつかの実験結果から、生体膜が細胞の概日リズムに重要な役割を果たしていることが明らかになった（ニュス、ザルツマン、ヘィスティングス、エドマンズ、スウィーニィ、ファンデン・ドリッシェら）。渦鞭毛藻類の一種ゴニオラックスにおいて、恒常条件下に置いた場合の細胞内カリウムの概日リズムの持続、膜の性質と機能に傷害を与える物質（リチウムやアルコールなど）で処理したとき細胞に起きる周期の変化、種々の物質に短時間暴露したあと現われる位相変化、などがそれを示している。一方、フィトクロム(1)のような光受容体または光応答に関与する色素が膜に存在することが知られている。スウィーニィやヘィスティングスらは、概日振動体の不可欠な要素が膜レベルに局在するとさえ考えるようになった。

(1) 主として緑色植物に存在する色素タンパク質。環境からの光情報に応答して、発生・分化から遺伝子発現や膜機能まで、さまざまな調節に関与する。

すべてのリズムを統括する単一主時計の仮説は、哺乳類や鳥類のみならず、単細胞真核生物についても検討された。理論的にはそのような系は存在しうる。モデルとしてはリミットサイクルモデルが最適であるが、主時計と制御するリズムとの間の関係が硬直的であるというかなり厄介な性質がある。生物の時間構造を特徴づけるものはまさしく柔軟性であり、**柔軟性**によってのみ生物は環境変化に適応し、それを受け容れることができる。硬直的で保守的なモデルである単一主時計（ホメオスタシスもまたしかり）は、複数の振動体が相互に連結し階層化された柔軟なモデルに比べ、必然的に実験の現実からさらにかけ離れている。このような考え方は、複数の告時因子が共存し、場合によっては様ざまな時計に働くことと矛盾はしない。おそらく明暗の同調因子を欠除した失明マウスが、同じ生息空間に棲むL：D＝一二：一二に同調した正常なマウスに由来する静寂・騒音の交替に同調する場合がこれに該当すると考えられる（六三頁参照）。

VIII　生物リズムと生物の環境適応

「どこで？」、「どのようにして？」、「いつ？」のほかに「なぜ？」の問いも提起しなければならない。ある世代の生物学者たちすべてがこれに対し拒否反応を示す。たしかに、答えは証明することのできない目的論的解釈に立っている。しかし、実際問題として、生理学者であって目的論者でないというのはどだい無理である。さらに、科学的な視点に立った自然環境保護論の進展によって、いまや建設的なやり方で、現象の「なぜ?」について自らに問いかけることが可能になっている。

生物に生物周期性が存在し、発達し、維持されているということは、それが種の保存に不可欠なためである。いいかえれば、生物リズムと生物周期現象の存在は、環境の予知可能な変動に対する生物の適応を最適にするものでなければならない。

概日リズムの周期はおおよそ地球の自転に一致し、概年リズムの周期は、おおむね地球の公転に相当する。したがって、これら生物リズムの二つのスペクトル領域は、いわば生物に固有なものと考えられてきた。生物はこれらのリズムによって主な宇宙現象に適応できたのである。太陽エネルギーと明暗交替につながるシグナルは、直接的にも間接的にも種の保存と同様に、個体の生存にも不可欠である。

別の言い方をすると、時間構造の存在と持続の問題は、空間構造すなわち古典的解剖学の存在と存続と同じように、生物進化の観点から考える必要がある。いくつか例を挙げてみよう。ラットあるいはマウスの肝細胞のグリコーゲン濃度は、概日リズムに従って変動する。活動の終わりには肝細胞はグリコーゲンで満たされるが、タンパク質の生合成は低下しているか、ほとんど行なわれない。逆に、休息の終わりにはグリコーゲンはほとんど消失するが、細胞のタンパク質合成は高まる。これらのリズムは絶食中も持続する。グリコーゲンの概日リズムは、グリコーゲン合成酵素(活動の終頃にピークがある)およびグリコーゲンを加リン酸分解するホスホリラーゼ(休息の終頃に頂点がある)それぞれの概日リズムによって引き起こされる。フォン・マイヤースバッハによれば、これらの物質の変化は互いに逆方向のものであるが、ともに多くのエネルギーを必要とする。しかしエネルギーは限られている。結局、細胞はすべてを同時に行なえない（たとえば、グリコーゲン産生とタンパク質合成）ということになる。もし細胞内の作業が二四時間スケールで順序立って行なわれ、もし細胞活動の一つ一つが時間的にプログラムされているとすれば、酵素活性は両立できるようになり、エネルギーの節約が可能となる。細胞の代謝系の多くでこのようなプログラミングが明らかにされたことからも、フォン・マイヤースバッハが提案した答えはじつに見事なものといえる。

マウスやヒトで、コルチゾールの概日性ピークが覚醒時に現われるのはなぜか？　おそらく、とくに動物が餌を見つけられなかった場合に備えて、糖新生を有利に進行させるためではないだろうか。なぜなら、脳、心臓、腎臓のような臓器は活動するために、通常、グルコースを必要とする。たとえ活動の開始時に体外からのグルコース補給がなくても、血清グルコースのホメオスタシスを維持するために、予測される範囲で、一種の保証、適切な応答として副腎皮質のグルココルチコイドの概日ピークが出現する。したがって生体にとっては、ホメオスタシスの古典的な考え方から予想される唯一の対応である短期調節より、概日体制によって行なわれる長期調節のほうが有利である。

ここで概年リズムについての「なぜ？」の問いへの答えを示そう。ほとんどの動物、とくに脊椎動物は春に誕生する。もっと正確にいえば夏至の前である。この時期は一年のうちでも餌が豊富である。オルタヴォンが明らかにしたように、妊娠期間の長さ、受精卵の着床や発情の時期にかかわらず、このことは多くの哺乳類に当てはまる。その結果、ウマ科動物（ウマの妊娠期間は十一か月）の発情期は春に、多くのシカ科動物、霊長類、ヒツジの場合は秋に、ノロシカとミンクは冬、イタチ科のフェレットとシリアンハムスター（後の三種の動物の妊娠期間は比較的短い）の発情期は春に位置づけられる。動物は、光周性のシグナルによって年周プログラムの至適時期に交尾できることから、それぞれの種および生態学的な観点に立ったそれぞれの種が構成する個体群の生殖にとって、光周性シグナルは季節を知らせる重要な標識となっている。

われわれがラゴゲらと共同で行なった実験の結果から、パリに住む健常な若年成人男子の性行動と血漿テストステロンが、夏の終わりまたは秋の初めに、年間のピークを示すことが明らかになったが（図6、四〇頁参照）、これは、**ヒトは基本的には季節性の生殖動物であるという考え**を支持する。これらの実験的根拠からも、われわれの研究グループがスモレンスキーと一緒に収集したヒトの出生率の周年変動に関する調査結果と同じ結論が導かれる。

もしヒトの死亡率や罹患率のリズムを調査すれば、北半球では冬にリスクが高まる概年変動が同じように観察されるだろう。環境の侵襲因子に対する人体の易損性は、一年のうちこの季節に最も高くなるに違いない（図9、一一一頁参照）。こうしたことは、ヒトの免疫性生体防御機構に概年リズムが存在することによって裏づけられる（四三〜四四頁参照）。

あらためて選択の強制に関する仮説が念頭に浮かぶ。すなわち、原始人は狩猟と流浪の生活を送っていたか、あるいは農耕に従事し牧畜を営み定住していたか、いずれの場合でも、おそらく獲物や収穫が潤沢な夏や秋には体力と知力のすべてを発揮できる状態にある必要があったろう。

このように進化論的かつ生態学的に考察を進めると、われわれの現代生活に関わるいくつかの問題が見直される。フランスにおける学校の休暇は前世紀に制度化されたが、それは親たちが干し草の刈り入れや小麦の刈り入れ、あるいはブドウの取り入れに学童・生徒の手を必要としていたからである。子どもたちの休暇は、農業人口が八〇パーセントを占めていた当時の社会の経済的かつ生態学的必要に合致していた。今日、フランス人の八〇パーセントは都市部に生活している。生物学的かつ医学的にみると、われわれの状況は逆になっている。すなわち、**われわれは長期休暇を一年のうち身体がもっとも必要としていない夏にとっているのである。**

最後に、時間生物学と生態学のあいだに存在する関係をわかりやすく説明するものとして、アショフが引用した一つの例を紹介しよう。類縁の二種の昆虫が同じ一つの生息空間（ニッチ）を占有する。それぞれの種の雌は同じフェロモンを産生する。雄を引きつけるため同一物質を周囲に放出するが、交尾の際に決して混乱は生じない。その理由は至って単純で、一方の種が昼行性であるのに対し、他方は夜行性にすぎないのである。

第三章　応用時間生物学

I　時間生物学、何のために？

現在、時間生物学は急速に進歩発展しているが、それは研究者たちが単にいくつかの生物周期現象を記述し説明するにとどまらず、その応用面を見出し、明確にしようと努力してきたからである。医師、農業技術者、教育者など、生命科学や人間科学になんらかの関わりを持つ実務家ともいうべきこれらの人びとが関心を寄せるのは、実際的なもの、あるいは実現性のあるものである。旧約聖書の「伝道の書」の中に、現代風にいいかえると、次のような一節がある。「すべてのものに時がある。働くにも眠るにも時がある。記憶するにも時がある。食べるにも飲むにも時がある。病気になったとき、薬をのむにも時がある」。

この人類の古くからの夢であるよりよく生きる術の習得に、生物周期現象の知識を活用することがいまや現実のものになりつつある。

ブラォウの研究のおかげで、いまではリラの花を十二月に、チューリップの花は一年中咲かせることができるようになった。われわれは増えつづける人間の欲求に応えるため、植物や動物の生殖過程をさらにコントロールする術も会得している。

応用時間生物学全般について紹介するとなると、冗長になり読者は退屈されるだろう。そこで内容を、今まで活発に研究が進められてきた時間病理学、時間毒性学、時間薬理学、時間栄養学、そして交替制勤務における交替時刻変更の影響など、人びとの健康に直接関係する問題に絞ることにする。

II　時間病理学

時間病理学とは、生体の時間構造の病理変化を実証的に研究する学問である。

比較的古い時代から数多くの研究を通して、リズム過程と病理過程とのあいだに確認できないまでも、なんらかの関係が存在するものと推測されてきた。たとえば、一八三六年にボウ、一八八八年にはフェレが、あるタイプの癲癇発作が概日リズムに従って変わることを報告している。この事実はその後、脳波研究によって確認されている（エンゲル、ミコル、モンジュ）。一八八〇年にはマンソンが、フィラリア症患者の血中に寄生するフィラリアに概日リズムが存在することを報告した。ヒポクラテスにまで遡る古くからの伝統に従い、一一一頁の図9に示すように、疫学的な観点から時間病理学を研究することもできる。

臨床医たちは、病理徴候全体に周期性の特徴がみられることに関心を持ってきた。トゥルソオ[1]がすでに指摘していた喘息発作の夜間性は、患者の七〇パーセントで確認されている。リウマチ様関節炎の関節痛とこわばりは、朝、目が覚める頃に起きるが、それがこの疾患の臨床症状の特徴の一つにもなっている。スモレンスキー、マーラーなど多くの研究者によって、心筋梗塞は午前十時頃に多発することが明らかにされた。

(1) Armand Trousseau（一八〇一～一八六七年）フランスの医師。*"Clinique médicale de l'Hôtel-Dieu"* の著者として知られている。

この周期性については、概日性であれ年周性であれ、個人（喘息発作、リウマチ様関節炎の疼痛とこわばり）または集団（脳血管性障害、図9参照）に関して、広く知られてはいるが、なお説明を加える必要がある。なぜ周期性があるのか？　古くから唱えられている仮説では、病理過程に周期性がみられる原因は環境の周期変動であるとされている。喘息発作が夜間に起きるのは、患者が夜に就寝するためであるとか、あるいは夜間には患者が呼吸する空気は冷えているためといわれる。しかし多くの場合、こうした理由はあまり重要でないことが、幾多の症例研究から明らかになっている。冬はいわば「魔」の季節で、心・脳血管性疾患の罹患率および死亡率は、この季節（北半球では一～三月）に年間のピークに達する。この年間のピークは冬のきわめて厳しい米国北部の州においても、比較的穏やかな冬のフロリダ州やフランスでも同じようにみられる。さらに、この周年ピークは、季節、社会、経済、民族などが異っても、世代を越えて、変わることなく続いているのが観察されている。

この古くからの仮説は、生体が外因性の潜在的有害作用因に対して二四時間、一か月間、または一年間、感受性（あるいは抵抗性）を一定に保持しつづけるという暗黙の前提に立っている。生物学、生理学、薬理学、毒性学領域での実験データが蓄積されるにつれ、時間生物学者はこの仮説を否定するようになった。外的要因に対する生体（あるいはいくつかの器官系）の易損性は、一日のどの時刻か、ひと月のどの日か、一年のうちのどの月かによって変動する。時間生物学的アプローチでは、外的要因の変動（それ自体がしばしば周期性を示す）と同時に、生体の易損性の周期性変動を考慮に入れる。

次に、時間病理学における考え方がどのように推移してきたかを、いくつかの例からみてみよう。

器官が損傷を受けると（解剖学的空間構造の変化）、損傷を受けた系の機能と直接関係する生物周期現象のいくつかに変化が起きる。よく知られている例として、副腎皮質不全（アジソン病のような原発性、また

図9　フランスにおける1962年～1976年の脳血管障害による死亡数の概年変動

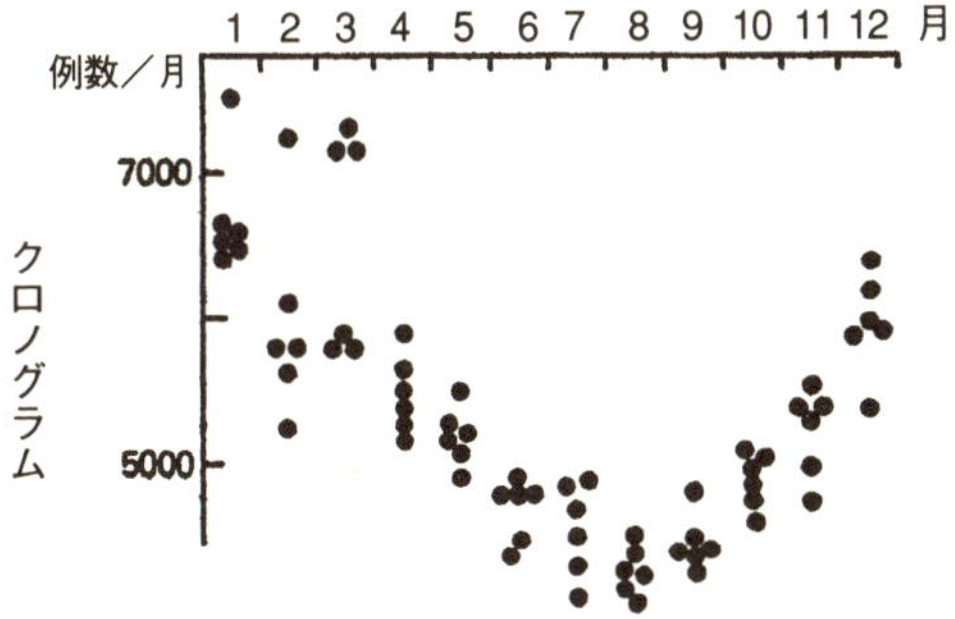

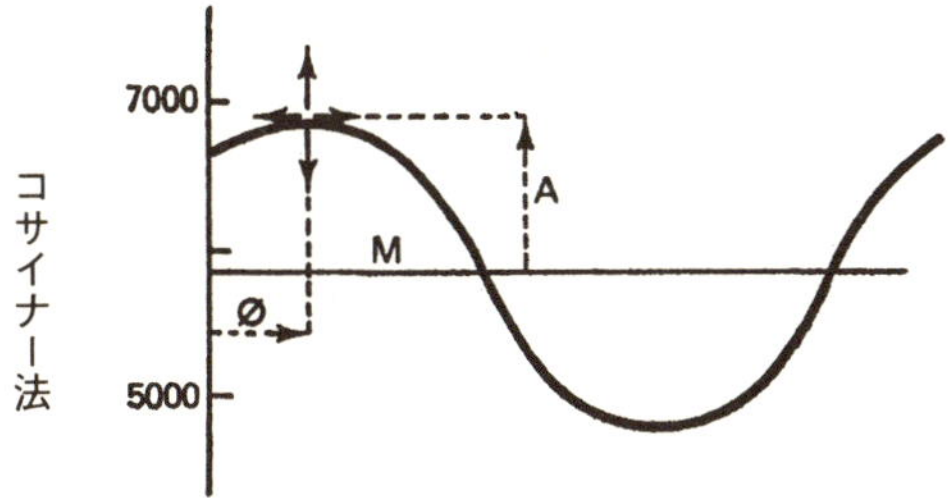

上図：クロノグラム
下図：コサイナー法：統計的に有意な概年リズムが検出された．($p < 0.005$)
頂点位相ϕ＝2月25日（2月9日～3月2日），リズム平均水準（月平均死亡数）M＝5837±133，振幅A＝1057±373であり，月間死亡数が周年性頂点位相の時点で6894±373に達し，6か月前（または後）では4780±373に減少することを意味する（レンベール，ジェルヴェらによる）．

は下垂体前葉不全に続発するもの）や、副腎を摘除した実験小動物（哺乳類）の実験的欠損症状がある。こうした条件下では、副腎分泌、肝酵素、循環血中好酸球、カリウムやナトリウムの尿中排泄などの生理的変数の概日リズムに変化がみられるが、体温、脈拍、血清鉄の概日リズムは変わることなく持続する。リズムの変化には、周期、位相、振幅、またはリズム平均水準など、特徴的なパラメーターの一つが影響を受ける場合と、影響が複数のパラメーターに及ぶ場合がある。

ラットに、ある週令に達すると高血圧を発症する遺伝的系統がある。ヒトの高血圧症に病因不明なことから本態性と呼ばれるタイプがあるが、これに関する実験的研究を行なう場合にこの系統のラットが病態モデルとして使われている。これらラット、ヒトいずれの場合も、高血圧は活動期に起きるが、心不全あるいは腎不全に続発する高血圧は、逆に、休息期に現われる。高血圧症では、多くの場合、アンギオテンシンやレニン（酵素の一種）、アルドステロン（ホルモンの一種）などの産生が異常に高まる。これらの物質の体内動態にはすべて、血圧の概日リズムと同位相で、振幅の大きい概日リズムがみられる。ラットでは、レニン産生を制御する遺伝子が知られている。ハイデルベルグ（独）のレマーらが外来遺伝子を組み込んだトランスジェニック・ラットのリズムを調べたところ、通常のモデル・ラットでは、ヒトの本態性高血圧症のように活動期に高血圧が優勢となるが、レニン遺伝子が修飾された「高血圧の病態モデル」ラットでは、ヒトの続発性高血圧症のように休息期に高血圧が優勢となった。これらの結果は、遺伝子操作を行なう際には、病理メカニズムの時間次元を考慮しなければならないことを示している。

ある一つの酵素あるいはホルモンの概日リズムが変化すると、それに依存する概日リズムに病理的な影響が現われるという考え方は、われわれにとって無理なく受け容れられる。しかし逆の状況、すなわち生物周期性が変化した結果、病的な状態が発現したとは到底考えられない。精神科領域では、内因性鬱状態に関する例がいくつか知られている。通常、この種の感情障害には内的脱同調がみられる。内的脱同調にはいくつかのタイプがあるが、この場合、リズムの頂点位相が早い時間帯に変位する位相前進の関与する可能性が指摘されている（ウェール、クリプキ、ヴィルズ＝ジュスチス）。とくに鬱状態と躁状態とが交互に（ときには周期的に）現われる躁鬱病では、位相の前方変位がみられる。患者が鬱状態のときに断眠させると躁状態に移行する。入眠の遅れに伴う再同調によって、感情障害に対してこのような一過性の効果が現われたかのようにみえる。プフルクは脱同調のもう一つの形である位相の不安定性について報告しているが、この場合には、体温がピークに達する時刻が日によって大きく変動する。ビカコーワ＝ロシェ、ゴルセックスとレンベールは、重度の内因性鬱病の臨床症状と、体温のリズムにおいてウルトラディアンリズムが優勢になる一方で、概日リズムが消失することとが見事に一致することを観察した。古典的なやり方による鬱病の治療は、生理的な同調の回復につながるものである。

ルーウィやクリプキによって鑑別診断が可能になった、いわゆる季節性鬱病（季節性感情障害）は秋と冬に発症するが、患者に対し「病気の季節」に一日あたり数時間、少なくとも二五〇〇ルクスの高照度の光線を浴びせる理学療法によって、症状を効果的に抑えることができる。

時間構造と空間構造の関係をさらに病理学的観点から説明するために、ヒトの乳ガンを例として取り上げてみよう。健常人の場合、組織の有糸分裂の周期は二四時間に等しいか、きわめてそれに近い（二九頁図2A）。ヴチレネンやターチの研究によって、乳ガン組織では有糸分裂の概日リズムが変化していることが明らかになった。リズムの周期は明らかに二四時間とは異なっている。したがって、乳ガンの病理徴候は、有糸分裂の細胞像（空間構造）のみならず、概日リズム（時間構造）の変化として現われる。

乳ガンにはまた、傷害部位が「高熱」になる温度変化がみられる。一人の乳ガン患者で、ガンに冒された乳房と正常な乳房の温度を同時に測定し、比較することができるが、ストラスブール（仏）のゴートリー、グラスゴー（英）のシンプソン、ミネアポリス（米）のハルバーグ、ヒューストン（米）のスモレンスキーが調べたところ、ガンに冒された乳房の温度の概日リズムは、①非ガン乳房より高いリズム平均水準を示し、②概日周期が統計的に有意に短縮していることがわかった。この周期の短縮は、ガンの悪性度が高い（ガン組織の体積倍増速度が大きい）ほど頻繁にみられ、かつその程度は大きい。

ところで、リズム性の病理症状には、関連する病態生理プロセスの解釈を求めて、時間生物学的アプローチの対象となったものがいくつかある。その代表例が喘息性疾患である。少なくとも十九世紀末のトゥルソォの研究以降、喘息発作は本質的には夜間起きることが知られている。われわれはジェルヴェ、スモレンスキーらとともに、アレルギー性喘息患者について疫学調査を実施した。喘息発作は呼吸困難、すなわち非常に激しく、きわめて苦しい呼吸障害を伴う。昼間活動し夜間休息する人では、呼吸困難は二一〇〇時と朝の〇五〇〇時のあいだに起きる。

呼吸困難は、一部は気道内径が異常に縮小して起きる臨床症状である。気道内径はさまざまな方法で測定できるが、機器が小型で操作の容易なスパイロメーターを用いて、患者自身が一ないし数週間にわたって、二四時間に五ないし八回、一定の時刻に計測することができる。

気道内径は、喘息患者でも、健常人と同じように概日リズムに従って変動し、おおよそ二一〇〇時と〇五〇〇時のあいだに最小となる。したがって、気道内径の概日変動と、夜間に内径が最小になることが、一日のうちのこの時間帯に喘息発作を起こしやすくしている要因の一つと考えられる。喘息患者の場合、夜間の気道内径の縮小程度が健常人よりはるかに大きく[1]、そのため気道狭窄が起こり、呼吸困難に至るのに対し、健常人ではこのようなことは起きない。

(1) 喘息患者では、気道過敏性により気管支平滑筋が病的に収縮し、気道の内腔が狭くなりやすい。

こうした病理現象は、生体の時間構造、すなわちそれを構成する概日リズムの総体を考慮することによってしか解釈できない。一つの要因のみを考えていては、夜間発作を理解することは不可能である。直接の関与がはっきりしている概日リズムの中には、アドレナリン、ノルアドレナリン（気管支拡張性、夜間低下）、コルチゾール（抗炎症性、夜間低下）、迷走神経性緊張（気管支攣縮性、夜間ピーク）、アセチルコリンとヒスタミンに対する気管支の感受性（気管支攣縮性、夜間ピーク）、アレルゲンに対する皮膚・気管支の感受性（気管支攣縮性、夜間ピーク）などの概日リズムがある。

したがって、喘息の夜間発作の病態生理過程を、次のようにまとめることができる。昼間活動し夜間休息するヒト（健常またはアレルギー性）では、いくつかの構成概日リズムによって、気道内径は生理的に夜間に最も狭くなる。一方、特定物質に対して特異的に過敏な喘息患者では、気管支の感受性は夜間に最高に達する。この病理反応の周期変動の影響に、生理的な生体周期変動が加わることになる。

われわれが明らかにした構成概日リズム以外のリズムも作用している可能性を考えると、事象をこのように模式化すれば、当然のことながら不備な点が生じよう。しかし強調すべきは、この多要因的アプローチによって得られた実験結果のすべてが、首尾一貫して、生体と喘息患者の反応との内因性周期性、ならびにさまざまな環境要因を同時に説明していることである。

Ⅲ　時間毒性学

ある作用因に対し、それが化学的なものであれ、物理的なものであれ、生体には病理解剖学的にみて抵抗性の最も低い場所または部位、すなわち**抵抗性最低部位**があるように、抵抗性が最も低下する時点、つまり**抵抗性最低時**が存在する。

時間毒性学はハルバーグ、ハウス、スケヴィングらの研究成果から生まれた。彼らは、一二年間、同系交配して飼育された同一週令、同一体重、同性のマウスを、少なくとも一か月間、〇六〇〇～一八〇〇の明期、一八〇〇～〇六〇〇の暗期に同調させたあと実験に供した。一群一〇～二〇匹のマウスを、一定時刻に、四時間間隔で二四または四八時間、X線、「白色」雑音[1]などの有害な物理的作用因に曝露するか、またはそれぞれのマウスにエンドトキシン、ウワバイン[2]、その他のきわめて毒性の強い化学物質を投与した。ある時刻に曝露したり、投与したりすると、動物の八〇パーセントが死亡する量の有害作用因や化学物質も、曝露や投与時刻を一二時間早めたり遅らせたりすると、逆に八〇パーセントの動物が生き残る。すなわち動物が死亡するか生存するかは、曝露あるいは投与時刻に依存する（図10参照）。

このことは、実験で定める死亡率は、対象動物の同調と毒物の投与時刻が明らかになって初めて意味のあることを示すもので、毒性学の定義を改定するか、あるいは補足する必要がある。また、薬剤の効果を、ラットのような夜行性動物を使って昼間に実験し、その結果からヒトへの適用に関する情報を引き出すのは不合理であり、厳に慎むべきである。

（1）多長波混合雑音。

（2）キョウチクトウ科ストロンファンツス属の植物に含まれる配糖体で、ジギタリス様の強心作用を示す。心臓毒でもある。

さまざまな動物種における多数の化学物質や物理的作用因の時間毒性が報告されている。これらの研究の目的は、一つには、腎（カンバーレ）、肝（ラブレック、ベロンジェ）、骨髄（ハウス）、神経系（スモレンスキー）などに対する時間毒性のメカニズムの解明であるが、もう一つは、薬剤や環境汚染物質などに対する耐性が高まる時刻を明らかにすることである。この観点からいえば、制ガン剤の時間耐薬性に関する研究はきわめて重要である。それぞれの制ガン剤に対し、ヒトはどの時刻に最も耐えられるのかを、動物実験によって知ることができる。図11は二〇種類あまりの制ガン剤に対し、実験動物（齧歯類）が最も高い耐薬性を示す時刻を示したものであるが、対象動物が昼行性か夜行性か、またその同調を無視しない限り、時間毒性に関する動物のデータがヒトにも当てはまることが経験上知られている。

図10　マウスの恒常的侵撃に対する感受性の概日運動

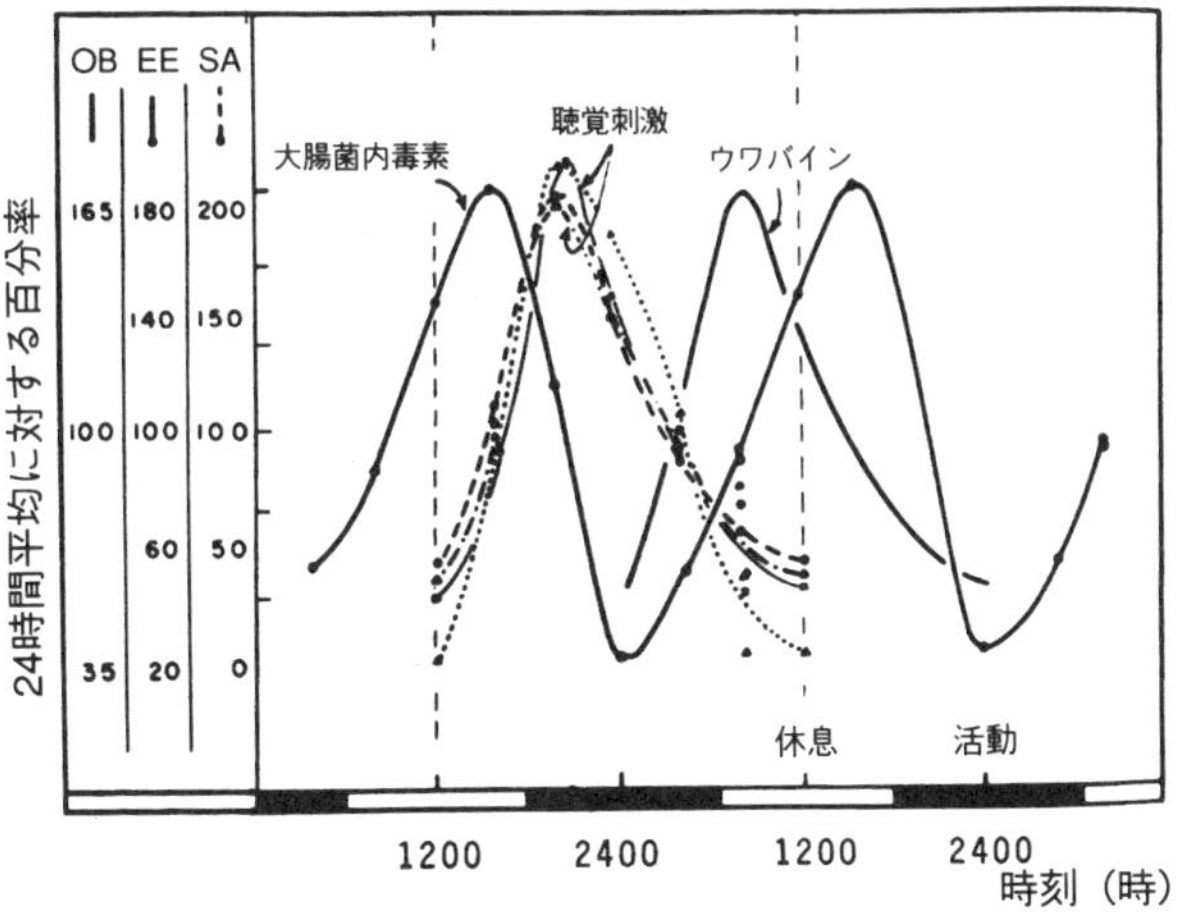

EE：大腸菌内毒素，SA：聴覚刺激，OB：ウワバイン．曲線は処置群ごとの死亡率（および生存率）の変化を示す．結果は侵襲に用いた作用因ごとに24時間平均に対する百分率で表した．0600～1800が明期、1800～0600までが暗期．（ハルバーグ，レンベール，*Journal de Physiologie*, 59, 117-200, 1967）

図11　制ガン剤に対する耐薬性の概日リズム（ラットおよびマウス）

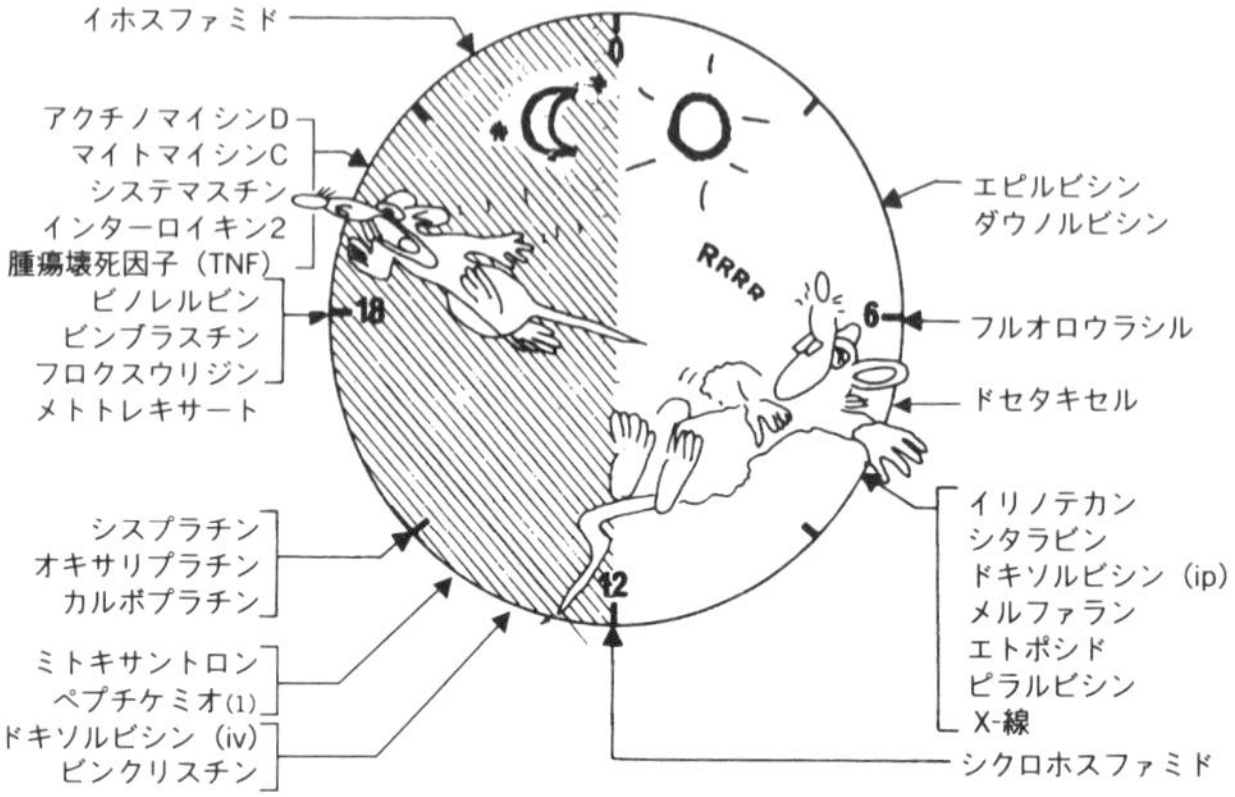

夜行性齧歯類（ラット，マウス）の細胞増殖抑制剤に対する時間耐薬性：動物の活動・休息位相は明期の始めに決まる．実験動物を12時間の明期(L)と12時間の暗期(D)の交替（LD12:12）またはLD8:16に同調させた．

耐薬性リズムが少しでも明期の始めに決定されれば，この同調差はほとんどリズムに影響しない．制ガン剤に対する耐薬性が最高になる時刻を薬剤ごとに示した．データは文献および著者の研究室の成績をまとめたものである．

（1）六種のペプタイド混合物からなるアルキル化剤（治験用薬）．

Ⅳ　時間薬理学

時間薬理学は、対象とする生体の時間構造との関連で薬剤の効果を研究する、いいかえれば生体の同調を考慮に入れた投薬時刻を研究する学問である。また、薬剤の生物周期現象に及ぼす効果を研究し、こうした条件下で周期、位相、振幅、リズム平均水準にどのような変化が起きるのかを探究する。

実験結果から、薬理活性物質の作用は概日周期性に応じて変動すると考えられている（概月および概年周期性についてもその可能性がある）。

時間薬理学的効果（および時間毒性学的効果）は絶食中も持続するので、摂食の影響は受けないものと考えられる。また、同調因子の非存在下でも持続するが、同調因子の位相に変化が起きると、薬物に対する生体反応の頂点および谷の位相に変化が現われる。すなわち、薬物効果の予測可能な周期性変動には概日リズムの特徴がすべて備わっているため、その説明やメカニズムに関する研究を行なう際には、内因性要因を考慮する必要がある。有糸分裂、DNA、RNA、リン脂質、グリコーゲン（三五頁図5に既述）のみならず、酵素機能（薬物代謝酵素の誘導などを含む）についても概日リズムが知られている肝細胞の多くの活動はその例である。

実際面からいえば、薬理作用が現われるかどうかは、薬物濃度が効果発現に必要なレベルに達した時に、細胞が概日プログラムに従って何ができるかにかかっている。このリズム性変動を理解するには新しい概念が必要である。それに応えるのが時間薬物動態であり、時間感受性および時間有効性の考え方である。

1　時間薬物動態（図12参照）

時間薬物動態とは、薬剤の体内動態（あるいは利用能）の特徴を示すために用いるパラメーターの律動性（したがって周期性）変動として定義される。薬剤を投与すると薬物の血中濃度は上昇し、一定時間 t max 後に最大値 C max に達し、その後は低下する（半減期 $t_{1/2}$）。この血中濃度をプロットして濃度曲線を描くと、この曲線と横軸とのあいだに一定の面積 AUC[2]が得られる。古典的な薬理学（ホメオスタシス）では、C max、t max、$t_{1/2}$、AUCなどは投与時刻に関係なく不変とされている。適切に行なわれた時間薬物動態研究はすべて、これらパラメーターの一つ以上が投与時刻に応じて概日リズムに従った変動をすることを示している。一九九六年には一五〇種以上のさまざまな薬物の時間薬物動態が分析され、なかでも徐放型テオフィリン製剤の生体利用能（バイオアベイラビリティ）の概日変動に関する研究論文は三五報以上も発表された。さらにある種の薬剤（たとえばメキタジン[3]）では、体内動態パラメーターを算出するためのモデル自体が、投与時刻に関連して変動する。

（1）薬物の血中濃度が二分の一に減少するのに必要な時間（half-life）を表す。
（2）Area Under the Curve の略語。Area under the plasma drug concentration-time curve（薬物血漿中濃度時間曲線下面積）の略称として繁用される。
（3）フェノチアジン系抗ヒスタミン剤。

時間薬物動態のメカニズム：薬剤の物理的性質（水溶性、脂溶性、溶解度など）を考慮し、次の項目に関わる生体系について概日リズムが明らかにされ、さらにはモデル化された。

——吸収（胃排出、腸管吸収、肺吸収など）
——体内分布（器官の血液通過量、血漿タンパク結合能、代謝クリアランス、など）
——肝代謝（酸化、硫酸抱合およびグルクロン酸抱合、肝酵素誘導など）
——排泄（腎機能など）

ラブレックとベロンジェは肝臓の役割を重点的に調べ、硫酸抱合およびグルクロン酸抱合に関与する転移酵素（トランスフェラーゼ）と加水分解酵素に概日変動のあることを証明した。たとえばラットのスルホトランスフェラーゼ活性（Vmax[1]とKm[2]）は、休息期（昼間）では活動期（夜間）の二～四倍であっ

図12　インドメタシン投与時刻と血漿中濃度

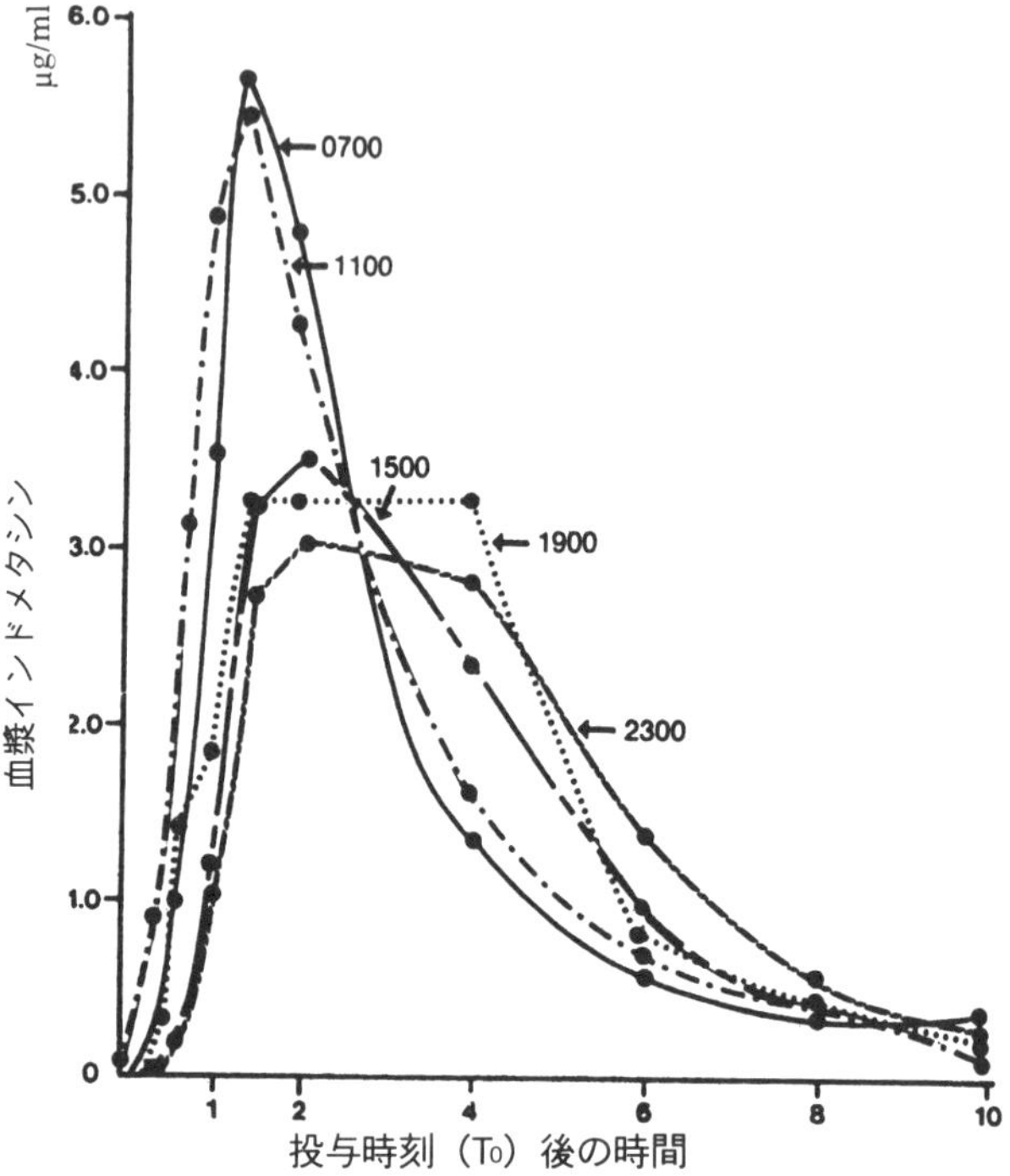

0700-0000活動に同調させた健常成人9名に，インドメタシン（非ステロイド性抗炎症剤）100mgを1週間の間隔をおいて，それぞれ7，11，15，19，23時に経口投与し（順序は無作為），各投与時刻(T_0)から20,60,120分後に血漿中濃度を測定した．*C* maxが最も高い値を示し，*t* maxが最も短かったのは7時と11時に投与したときであった．逆に23時に投薬したとき*C* maxが最低値となり，*t* maxは最も長かった．（クランシュ，レンベールらによる）．

た。一方、UDP-グルクロノシルトランスフェラーゼによって触媒される抱合は、ラットが給餌されていたか絶食状態にあったかにかかわらず、休息期より活動期に増加した。高血圧症の治療に用いるプロプラノロール（ベータ遮断薬）など、ある種の薬剤のクリアランスについては、心拍出量の変動に起因する肝血流量の概日リズムのことを考慮に入れなければならない。

（1） Maximum velocity（最大速度）の略。酵素反応において、基質が飽和された状態での反応速度を指す。

（2） ミカエリス定数。酵素と基質との親和力を示す尺度で、反応初速度が V max の二分の一になるときの基質濃度に相当する。

ある種の薬剤を一定の流量で静脈内に持続注入しても、血漿中濃度が二四時間一定に保たれるわけではない。このことは、ケトプロフェン（非ステロイド性抗炎症剤、ドゥクズ）、5-フルオロウラシル（制ガン剤、プティ）についても証明された。一定量を一定速度で点滴静注すると、血漿中濃度に振幅の大きい概日変動が認められた。腎クリアランスの大きいケトプロフェンと5-フルオロウラシルについては、最大値および最小値の時刻を予測することができたが、アドリアマイシン[1]の場合は規則性が見られず予測不能であった。

（1） Doxorubicin（アントラシクリン系抗ガン性抗生物質）の旧称。

一方、二四時間にわたってプログラムした可変流量で持続静注すると、とりわけアドリアマイシン、ヘパリン、テオフィリンの場合、血中濃度に予測可能な概日変動が現われる。これは、**薬剤によっては**

一定流量の投与を避け、二四時間周期に従って増減した流量を投与しなければならないことを意味する。

薬剤には、時間体内動態の変動が、性、年令、および表現型[1]に関連するものがある。抗生物質のセフォジチムでは性別が（ヨンクマン、レンベールら）、非ステロイド性抗炎症剤のインドメタシンでは年令が関連している（ブリュゲロールら）。オラニエらは、薬物代謝の表現型の異なる人びと（アセチル化緩徐型とアセチル化迅速型[2]）のあいだで時間薬物動態が異なることを観察している。

（1）遺伝子によって規定される生物の形態的、生理的な性質。遺伝子型に対応する用語。ある遺伝子を持っていても、性質として現われないこともあり、必ずしも遺伝子型に結びつかない。
（2）薬物代謝におけるアセチル化能が高くアセチル抱合が迅速なアセチル化迅速型の人（rapid acetylator）と、そうでないアセチル化緩徐型の人（slow acetylator）など、ヒトに遺伝的多型のあることやアセチル化緩徐型の発現頻度に民族差のあることが知られている。

2　時間感受性

薬物の標的系の感受性または感応性の概日リズム（あるいは時間薬力学）を意味する用語として「時間感受性」が用いられる。ここでいう標的には、たとえば皮膚（ヒスタミンやリドカインの皮内注射に対する反応性のリズム（図13参照））や気管支（エアロゾール吸入薬、とくにアセチルコリンに対する反応に見られる概日リズム）などの組織が含まれる。しかし、受容体、膜、酵素反応ネットワークなど、分子および細胞構造要素も標的系となりうる。この概念は、時間に関連した薬力学（薬物の作用機序）的変動のみならず、標的レベルにおけるすべての代謝現象、あるいはその他、数量化された現象に関連する。たとえば細胞構造要素が示す概日リズムのパラメーターは、投与された薬物に応答して、ある一定の時間、変動する。すなわち位相φの変位（概日位相反応曲線）、周期τおよび、または二四時間のリズム平均水準Mの変化が起きる。

受容体の概日リズム：異なった組織（ラットの脳と心臓）や様ざまな細胞（ヒトの白血球と血小板）で、いろいろなタイプの受容体がみつかっている。いずれの場合も受容体数はリズム性の増減を示すが、リガンドとの結合能は変動しない。ヴィルズ＝ジュスティスらは、アセチルコリン、カテコールアミン、オピオイド、ベンゾジアゼピンなどに対するラット前脳の受容体のリズムは視交叉上核によって制御されているが、同調因子を操作すると位相にずれを生じ、それが自由継続状態および断眠中も持続することを見出した。これは明らかに、内因性の特性である。

さらに、動物を明期・暗期が一二：一二の恒常状態に置くと、概日曲線の形、振幅、頂点位相の位置は年間を通して変動する。また受容体数の概日曲線の形状は、①同一のリガンドに対しても、脳の領域ごとに異なり（同じ視床下部であっても）、②同一種でも、品種により異なり、同じ品種の中でも系統間に

図13　2%リドカイン注射による局所麻酔持続時間

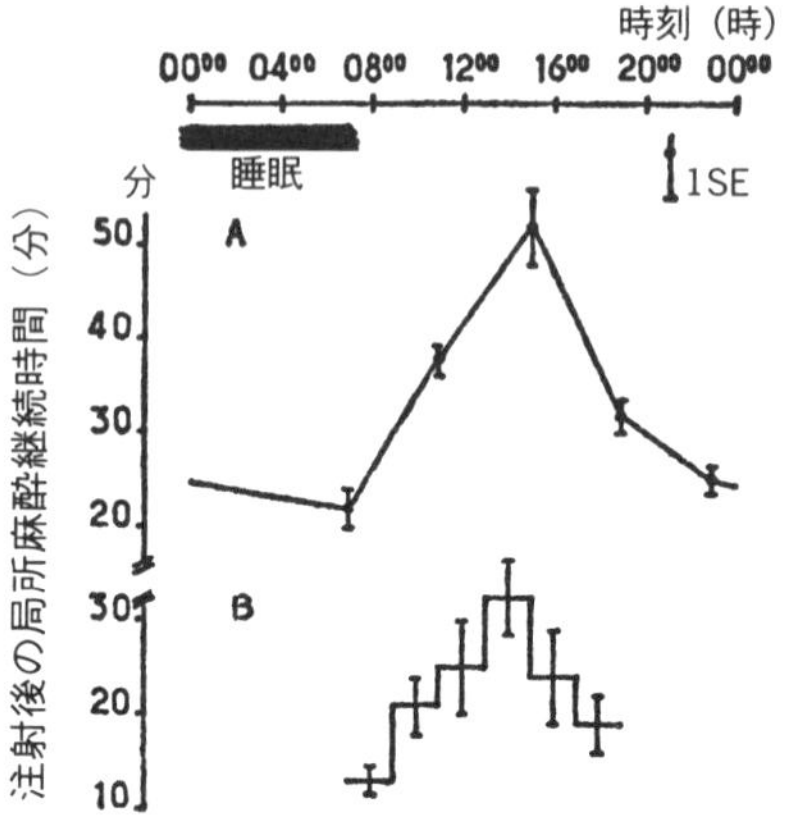

A＝皮内注射
B＝歯根尖周囲に浸潤麻酔

A）2%リドカイン液0.1mlを注射し，局所麻酔持続時間を測定した．皮内注射および麻酔持続時間（単位：分）の評価は標準化した．0700～0000に昼間活動し，夜間睡眠に同調した健常成人6名を被験者とした．注射は各被験者の前腕の手掌側に，24時間のあいだ，4時間ごとに行なった．それぞれの注射部位の間隔は少なくとも6cmとした．

こうした条件下では，麻酔の持続時間に統計的に有意な変動が見られる．皮内注射を0700または2300時頃に行なうと持続時間は約22分～25分であったが，1500頃に行なうと52分を超えた．

B）被験者35人について麻酔持続時間を調べた．齲歯（第二度）の治療目的で単根歯の根尖周囲に浸潤麻酔を実施（したがって手術は生存歯について行なわれた）．麻酔には2%リドカイン注射液一管（2ml）を注射した．

注射は7時～19時の「就業」時間中の任意の時刻に行なった．結果：注射時刻を7時と19時のあいだを2時間ごとに区切った6区分に分け，麻酔持続時間との関係をみた．こうした条件下で注射を0800時頃に行なうと麻酔持続時間は12分，1500頃に行なうと30分以上，1800時頃では17分であった．

これら2つの実験では，クロノグラムの頂点と谷との差は統計的に有意であった（レンベールら，*Naunyn-Schmiedeberg's Arch. Pharmacol.*, 297, 149-159, 1977）．

相違がある。また、③年令によっても異なる。

時間感受性に振幅のきわめて大きいリズムが観察されることがよくあるが、受容体のリズムの概日性振幅だけではこれを十分に説明できない。この矛盾点に関し、レマーは次のような大変興味深い解釈を加えている。すなわち、脳の受容体が示すリズムの振幅は、ないか、あってもごく小さいのに対し、アデニル酸シクラーゼ・ホスホジエステラーゼ系が示す概日リズムの振幅はきわめて大きい。この酵素系は、受容体が活性化されたあとに、細胞内のサイクリックAMPの生成と分解を制御するが、その概日リズムの振幅が受容体自体より大きいため、アデニル酸シクラーゼ・ホスホジエステラーゼ系は、**概日リズムの増幅体**として働くことになる。こうした増幅体の存在を考えることによって、血漿中濃度が一定に保たれた薬物の効果が二四時間のあいだになぜ変動するのかが理解できよう。

ある薬物が、標的系Aの周期と位相またはどちらか一方を変化させるが、標的系Bについてはどちらも変化させない場合、リズムAとリズムBが生理的に連動しているときには状況が混乱する。ある薬剤の一定流量を持続注入した際に、薬理作用に予想外の変動が生じるのは、こうした状況に起因する可能性がある。

3　時間作用性

個体全体に対する薬剤効果のリズム性変動を意味する用語として「時間作用性」が用いられる。この用語は、望ましい効果の変動（時間有効性）だけでなく、望ましくない効果（時間毒性）も含んだ中立的な性格を持っており、肯定的な意味での反意語は「時間耐薬性」である。もちろん、薬剤の時間作用性と時間耐薬性は、時間薬物動態と同時に標的系の時間感受性によって影響を受ける。図14（一三一頁）は一定量のヘパリンを定常速度で四八時間、静脈内注入したときの血液凝固阻害作用の概日変動を示したものである（ドゥクズら）。血液凝固阻害効果は投与された患者の夜間睡眠の中頃に最高に達し、〇八〇〇時頃最低になる。その後試験管内で行なった研究から、時間薬物動態よりむしろ標的系の時間感受性が鍵を握るプロセスであることが明らかになった。

V　時間治療

「時間治療」という用語は、実験時間薬理学的あるいは臨床時間薬理学的な考えに立った試みの結果、

図14　点滴静注したヘパリンの血液凝固阻害効果における概日変動

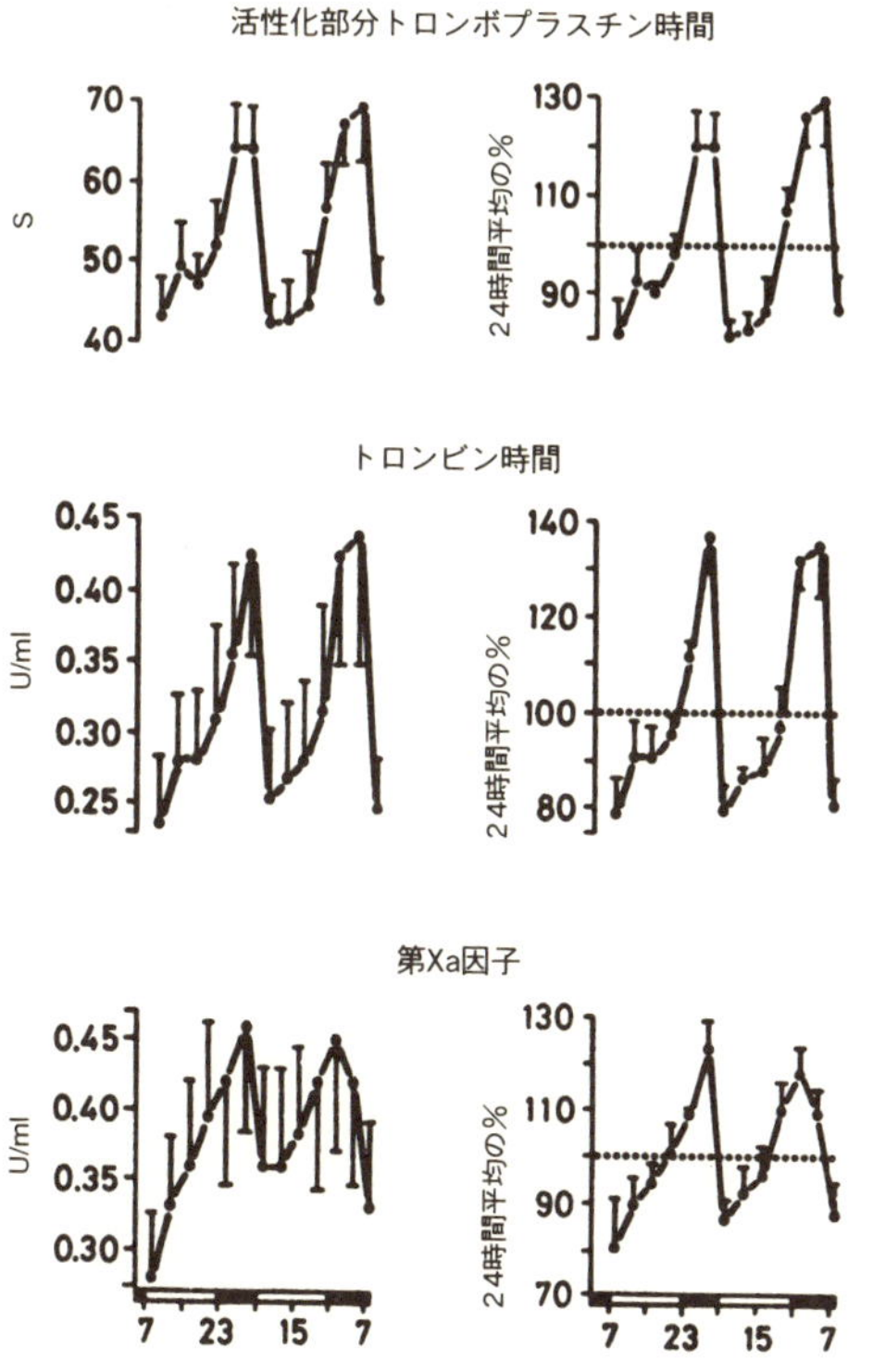

静脈血栓・塞栓症患者6名に，点滴用ポンプを用いヘパリン（血液凝固阻害剤）を投与した．血液凝固阻害効果を測定するため，4時間ごとに48時間，活性化部分トロンボプラスチン時間，トロンビン時間，第Xa因子の3種の検査（1）を行なった．3種の検査値それぞれに，夜間に最高，昼間に最低となる概日リズムが認められた（$p < 0.001$）．薬剤の注入量が一定であるにもかかわらず，効果は24時間のあいだに変動した（ドゥクズ，クローズ，レヴィ，ジョベール，ペルポアン，デボナドンナ，レンベール，クノォ，*Brit. Med. Journal*, 290, 341-344, 1985）．

（1）トロンビン時間および第Xa因子活性阻害測定における凝固時間は，ヘパリン活性（U / ml）に変換されている．

薬剤の投与時刻を選択し、有効性や耐薬性を増強させるようになったことを示している。たとえば一定量のヘパリンを定常速度で投与した場合、効果は時刻によって変動する（図14）。このような方法で治療を受ける患者の多くは、夜間出血する危険があり、朝方には塞栓症のリスクに曝される。

薬物療法における時間最適化のもう一つの例として、コルチゾンまたは合成コルチコイドによる治療がある。これらの薬剤には強力な抗炎症作用があり、喘息、リューマチ性疾患の治療に用いられる。しかし耐薬性が低く、短期間の投与でも副腎皮質活動を抑制し、長期投与により骨折の危険を伴う骨減少を引き起こす。投与経路を変更したり（エアロゾール剤の吸入）、合成コルチコイドの化学構造をいろいろ修飾し、誘導体の合成が試みられたが、この問題を解決するには至らなかった。しかし多くの研究結果から、朝方に（血漿コルチゾールの概日頂点に一致する位相の〇八〇〇時に）投薬すれば副腎皮質活動に影響を与えないか、与えてもきわめてわずかであることがわかった。一方、同じ量のコルチコイド（たとえばプレドニゾン一五ミリグラム）を二〇〇〇時または二四〇〇時に投与すると、きわめて強い副腎皮質活動抑制作用が発現する。われわれの研究チーム（ジェルヴェ、トゥイトゥ、ギエ）のほか、いくつかの研究チームによって、夜間型喘息患者にコルチコイドを朝方投与すると耐薬性が改善され、同時に呼吸困難のコントロールと気管支開通性の夜間低下の予防が可能になり、効果が高まることが明らかになった。

制ガン剤への耐薬性をどのように高めるかはガン治療にとって重要な問題である。少なくとも一八種の制ガン剤に対する耐薬性に、振幅の大きい概日リズムのあることが報告されている（一二〇頁図11）。たとえばシスプラチンの毒性は、齧歯類の場合、活動期の終末時には休息期の終末時の七〇分の一に低下する。このリズムのメカニズムには、シスプラチンの時間薬物動態に加えて、ほとんどの場合、宿主（患者）細胞の時間感受性と腫瘍細胞の時間感受性とが脱同調していることが関係している。多くの薬剤について、骨髄、肝臓、腎臓、心臓、消化管での時間耐薬性が調べられている。たとえば試験管内でアントラシクリンに曝した骨髄細胞（マウス）の耐薬性が最高になるのは、細胞を休息期の開始時に採取したときである。米国、ベルギー、ドイツ、英国およびフランスでガンの時間治療研究が精力的に続けられてきた。モントリオール（カナダ）のリヴァールが行なった6-メルカプトプリンによる小児の急性リンパ芽球性白血病の持続療法は、実用的にきわめて興味深い成果をあげた。夕方治療を受けた小児グループでは、朝方に治療を受けた小児グループに比べ、生存率（予後観察期間は一〇年）は二倍に上昇した。携帯用時間調節式注入ポンプを利用することによって、快適性、安全性およびコスト面で最も有利な条件で時間治療が行なえることも付け加えておく。

ところで、時間治療の考えに従ったアプローチは、消化器系疾患（H_2ブロッカー）や、循環器系疾患（ベータ遮断薬）、さらにリューマチ性疾患（非ステロイド性抗炎症薬）、アレルギー性疾患（抗ヒスタミン剤、テオフィリン、ベータ刺激薬）、内分泌性疾患などの治療においても目覚ましい成果をあげている。

いま、時間生物医学者はマーカーのリズムという新たな課題に直面している。患者間には大小はあっても個人差が存在するので、臨床医は時間的な基準値としてリズムの概日パラメーター（とくに頂点位相）を知る必要がある。そのようなマーカーとなるリズムは、喘息患者ではピークフロー値、リューマチ患者では疼痛の自己評価値、高血圧症患者では血圧のリズムである。しかし、ガンや感染症については、なお解決すべき問題が残っている。

Ⅵ　時間生物学と栄養

食物摂取量、摂食行動、エネルギー代謝など、栄養生理には概日および概年リズムが存在するが、それらを明らかにするには、栄養学者と時間生物学者の両者を満足させる研究方法が望ましい。時間生物学の手法を用いて行なわれた栄養学の研究成果は、次の四つの面に沿って分類される。

第一の面——自発的な摂食行動および摂食には、（とりわけ）概日リズムが認められる。たとえ常時摂食可能な状態にあっても、ヒトを含め、動物は絶えず摂食しつづけるということはない。ラット、マウス、ハムスター、リスザルでは概日リズムとして、キンイロヤマネのような冬眠動物では概年リズムとして、摂食の周期性が現われる。

多くの研究から、動物では視交叉上核が飲水と摂食の概日リズムを支配する振動体の一つと推定されている。視交叉上核を破壊すると、種によって若干異なるが、これらの行動のリズムはほぼ完全に消失する。ラットの視交叉上核にインスリン（一時間あたり〇・一単位）を持続注入すると、暗期の一二時間における摂食が低下したが、明期の一二時間には増加した（永井ら）。生理食塩水を視交叉上核に持続注入しても、またインスリンを皮下注射しても、こうした効果は発現しなかった。L-ノルアドレナリンをラットの視床下部外側部に投与すると、暗期（活動期）の一二時間の摂食行動が消失するが、逆に明期の一二時間の摂食行動は助長された（マルグレスら）。ナルトレキソンとナロキソン（いずれもオピオイド受容体[1]拮抗薬）は、ラットの暗期における過食を抑制するが、明期では抑制しない（アッフェルボーム）。

（1）脳に多く分布する受容体。エンケファリンやエンドルフィンなどモルヒネ様鎮痛作用をもつ内因性オピオイドペプチドと特異的に結合する。

小児および成人における自発的摂食行動に概日および概年リズムのあることが、一九五六年以降サージェントによって報告されている。新生児における自発的摂食行動のウルトラディアンリズムは、ヘルブリュッゲやルーテンフランツら多くの研究者たちによって解析された。

新生児は、温度と照明が恒常な条件下では自発的な欲求に従い、あたかも睡眠・覚醒リズムと交互に入れ替わるかのように、約九〇分周期の摂食リズムを示す。自発的リズムの周期は、生後一か月頃には$\tau \fallingdotseq$三時間に、二か月頃には$\tau \fallingdotseq$六時間に延長する。乳児にみられるウルトラディアンリズムから概日リズムへの移行には、神経系の成熟（振動体の作動、求心性および遠心性経路の機能的な構成など）が関連していることは確かである。

ドゥブリらは、四歳児の摂食が正午頃に最低に達し、朝食と夕食時に多くなるという、統計的に有意な概日リズムが存在することを報告している。同じく小児には、春は脂質消費量が最大となり、夏に糖質とカロリー消費量が最大となる概年変動が存在する。

小児における概年リズムは、サージェントもまた観察している。夏の終わり、または秋の初めに体重が顕著に増加し、春および夏には脂質の消費が増大しやすいという。しかし、著しい個人差も認められている。

一方、成人では、秋と冬のあいだのほうがカロリー消費量は大きいことをサージェントは報告している。このように、摂食行動における糖質や脂質の消費量ならびにエネルギー摂取の最高と最低の概年変動が、小児と成人とでは異なる可能性もある。タンパク質摂取については概年変動はみられないようである。時刻に関する情報を与えずにヒトを隔離した場合でも、摂食行動のリズムは持続する（ミグレーヌ）。

これらのことから、摂食行動には、概日および概年周期にプログラムされた長期にわたる調節が働いているものと考えられる。

第二の面――概日リズムの大部分（すべてではない）は、絶食あるいは極度の食事制限下でも持続する。いわゆる、ショサ現象。 ハトに餌と水をまったく与えなくても、その間、体温の概日リズムが持続することを一八四三年にショサが初めて報告した。この先駆的な研究成果は、ヒトを含め、他の動物種においても、また他の生理的変数についても、広く追認されている。

アッフェルボームやレンベールの研究チームは、十八〜二五歳までの女性におけるタンパク食（カルシウムカゼイネート）の効果を調べた。被験者たちは肥満しており、カロリー摂取量を三週間にわたって、二四時間あたり二二〇キロカロリー（タンパク質のみで）に制限した。この条件下で、次に示す生理的変数の概日リズムが持続するのが観察された。血漿中の成長ホルモン、インスリン、グルカゴン、コルチゾール：尿中の水分、窒素、17-ヒドロキシコルチコステロイド、17-ケトステロイド、カリウム、ナトリウム：呼吸商（RQ）と酸素消費量：直腸温：筋力：活動のテンポ、眼と手の協調運動など。

このような制限食摂取中の概日リズムの持続は、ヒトにおけるショサ現象と考えてもよいだろう。より正確には、さまざまな動物種で研究されてきた多くの生理的変数の概日リズムは、栄養摂取のリズムによって誘導されないといえよう。このことは、ヒトの大部分の概日リズムに内因性要素があるという、広く受け容れられている仮説に一致する。

第三の面――ある種の動物では、摂食を二四時間のうちの短時間に制限すると、一定条件下で同調因子としての効果が現われる。しかし、ヒトではそのようなことは起きない（六五〜六六頁参照）。

マウス、ラット、ウサギのような夜行性の齧歯類は、水や餌を自由に摂取できる状態にあっても、ほとんど夜間にしか餌を摂取しない。このような状態に設定した実験条件下では、明暗の交替が支配的な同調因子となる。餌へのアクセスを短時間（二四時間中、二〜四時間）に制限すると、リズム全体の位相にずれが生じる。この現象は、摂食時刻を明期に設定したときにラットやマウスで起きる。とくにラットでは、昼間に摂食を一回行なうだけでも、歩行運動活動、脳内セロトニン濃度、いくつかの生理的変数の血漿中濃度、肝臓温、種々の肝酵素活性、その他のリズムに頂点位相の移動が起きる。同様に、ある種の霊長類では、給餌の時間的プログラミングが体温とコルチコステロイドの概日リズムをシフトさせる。

給餌の時間的プログラミングが概日リズムの強力な同調因子となるのだろうか？　実のところ、この仮説が当てはまるのは、ある種の動物に見られる特定の概日リズムだけである。方法論の立場からみると、今日まで行なわれてきた研究はすべて、二つまたはそれ以上の同調因子間の競合に関係したものである。実際に、明暗交替に同調した動物、あるいは社会生態学的な制約に同調したヒトの摂食時刻を変えることにより、生物リズムを「操作」する試みがなされている。

スケヴィングは、CDFマウス[1]における循環血中好酸球の概日リズムは摂食時刻によって同調させうるが、角膜上皮細胞の有糸分裂の概日リズムは明暗交替によってしか同調しないことを明らかにした。フィリペンスによると、ウィスター系ラットの場合も同様である。ラットまたはマウスの血漿コルチコステロンの概日リズムでは、明暗同調因子と摂食時刻因子のそれぞれの影響力について相反する研究結果が報告されている。実験に使用したラットあるいはマウスの系と性、あるいはそのいずれかの違いが異なった結果をもたらした可能性もある。さらに摂食時刻による同調が起きたのは、動物が活発に動き回る必要があるためとも考えられる。ラットに対して昼間に歩行活動運動を強制すること自体、ある種の概日リズムの頂点位相のずれを起こしやすくする。

(1) 近交系間交配マウスの一系統。

ヒトではいささか異なった結果が得られているが、もちろんより複雑である。タンパク食療法(カルシウムカゼイネートとして二一〇キロカロリー)に関する研究中に、アッフェルボームとレンベールは摂食時刻が概日リズムに与える影響を調べた。食事は〇八〇〇、一二〇〇、一六〇〇、二〇〇〇時の四回、あるいは朝食のみで朝の〇八〇〇時に、あるいは夕食のみで二〇〇〇時にそれぞれ一回とした。実験期間中、心拍数、血漿コルチゾール、および尿中への水分、窒素、クレアチニン、17-ヒドロキシコルチコステロイド、17-ケトステロイド、電解質などの排泄量に、統計的に有意な概日リズムが検出された。しかし、朝食だけでカロリーのすべてを摂取した場合に頂点位相の移動がみられたのは、尿中窒素のみであった。したがって、タンパク食の摂取時刻が、対象とした生理的変数の概日リズムに影響を及ぼすとは考えがたい。

この、ヒトと齧歯類のあいだの違いを解釈するため、いくつかの仮説が立てられた。ヒトでの実験では、被験者は食事が与えられることを事前に知っているが、齧歯類は給餌されるかどうかを予期しているわけではない。したがって、動物はその行動と、とくに活動・休息サイクルを変化させざるをえなくなる。ところで、成人の通常のカロリー消費量を補給するために、タンパク質のみならず糖質および脂質を含む、より完全な食事を摂取した場合、はたして摂食時刻は概日リズムに影響を与えるのだろうか？　若年成人に二四時間あたり二〇〇〇キロカロリーを、朝食または夕食の一回のみ、あるいは日常に近い状態で、量はそれぞれ不均等であるがたっぷりとした三回の食事で摂取させる実験が行なわれた。その結果、血漿インスリン、血漿グルカゴン、および血中尿素窒素の概日リズムに約八時間の頂点位相のずれが観察されたが、血漿中のコルチゾールと成長ホルモンおよび血中リンパ球については、頂点位相のずれはきわめてわずかであった。しかし、その他の生理的変数は、朝食を一回多量に摂取する代わりに、量の多い夕食を一回摂取した場合の影響はなかった。ヒトでは、ある時刻に大量のカロリーとタンパク質を摂取すると、いくつかの概日リズムの頂点位相に影響が現われるが、これ自体が重要な同調因子の役割を果たすことはない。むしろ、マスキング効果が問題となる。

第四の面――栄養素代謝の生物周期性変化。 栄養素の代謝は二四時間のあいだで変動する。年間を通しても変動するが振幅は小さい。栄養素代謝の概日および概年変動が内因性、とくにホルモンおよび酵素の時間生理学的メカニズムに依存していることは明らかである。栄養素代謝の変化とその影響には、薬剤の場合（時間薬理学）に匹敵するような周期性変動がみられる。

薬剤の場合も栄養素の場合も、投薬または摂食時刻に応じた互いに補完しあう二つの可能性、すなわち、①たとえば、頂点位相のずれによって示される時間構造の変化、②特定の時点での栄養素または薬剤の吸収に由来する代謝の変化、を考える必要がある。これら二つの型の影響は実際に確認されている。

たとえばラットでは、ある時間にタンパク質を摂取すると、肝グリコーゲンの概日リズムの頂点位相にずれが生じる。同じ現象は、ジグモンドによって、ラットの酵素活性におけるいくつもの概日リズムについて確かめられている。しかし、頂点位相のずれを起こすのはある種の生理的変数に限られており、複数のリズムのあいだに内部乖離の生じることが原因である。給餌のプログラム管理による頂点位相のずれは、すでに述べたように、いくつかの生物リズムに限られており、他のリズムへの影響はみられない。

次に第二の型の影響、すなわち栄養素代謝の概日変動および概年変動の影響について考えてみよう。最もよく知られているのは、経口あるいは静脈経由の糖負荷試験である。最低一二時間絶食した被験者に、一定量、たとえば体重一キログラムあたり一グラム、あるいは体表面積一平方メートルあたり四五グラムのブドウ糖（グルコース）を、一定時刻に経口摂取させるかまたは静脈内注射し、血糖値を測定する。血糖値はおおよそ三角形を描くように急激に上昇し、ピークに達したのち低下する。経口糖負荷試験は、とくに糖尿病の糖代謝障害を発見するために臨床で広く利用されている。ボウエン、英国のジャレットの研究チーム、フランスのレストラデのグループは、経口または静脈経由糖負荷試験による血糖値曲線の特徴を示すパラメーターが、試験を実施した時刻に依存することを明らかにした。たとえば朝六時に試験すると、夕方の初め（一八時）に比べ、*t* max は短くなり C max と AUC が減少する。

ブドウ糖の経口投与あるいは静注によりインスリンの分泌が決定され、次いでインスリンがグルコース代謝を制御し方向づける。ブドウ糖の投与により生じる血漿インスリンの変動を測定すると、時刻に従って応答が変動することがわかる。昼間活動し夜間休息するヒトでは、健常人、糖尿病患者いずれの場合も、インスリン応答は午前より午後に弱くなる。したがって、朝得られた結果に比べると、午後に実施した経口糖負荷試験での血糖値曲線において山の高さと位置にずれが観察されるが、当然なことといえよう。

グルコース代謝の概日性調節には、インスリン分泌以外の生理的変数も関与している。フィッシャーとガードナーは、ラットにおけるグルコースの腸管吸収が概日リズムに従って変動することを明らかにした。さらに、投与したインスリンの糖質代謝を制御する効果は、午後より午前に強く現われる。このことは、ミルーズが、ヒトのインスリン必要量を間接的に測定できる「人工膵臓」を用いて観察した結果からもいえる。インスリンの必要量は、概日リズムに従って変動するものと思われる。

これらの概日リズムのほかに、経口糖負荷試験とそれに伴うインスリン分泌に関しては、概年リズムの報告がある。ハウスらは、標準化した食事を摂取している健常人のインスリン応答に周年変動のあることを明らかにした。インスリン応答は秋に最も強く、かつ速く、冬の終わりに最も弱く、かつ遅くなる。ドゥブリ、メジャン、およびレンベールらは、ナンシー（フランス）で比較実験を行ない、経口糖負荷試験によって起きるインスリン応答を調べた。インスリンの血中濃度のピークは九月に最も大きな値を示し、ピークに達する時間は最も短かったが、四月には逆の状態が観察された（図15、一四五頁参照）。このようなインスリンとグルコースの概年生理変動は、本節の《第一の面》で述べた食行動の概年変動をよりよく理解するためにも、念頭に置く必要があろう。

栄養素代謝の生物周期性変化を解釈するには、ホルモンおよび代謝過程の概日周期性に内因性構成要素のあることも同じように考慮しなければならない。この点に関する呼吸商（RQ）とその概日変動の研究は、興味深い判断材料を提供してくれる。呼吸商、すなわち消費された酸素と排出されるCO_2の容積比から、生体は必要とするエネルギーを確保するために摂取した食物を、どのように利用しているかを知ることができる。呼吸商が高い、すなわち一に近い値は、生体がとくにグルコースをエネルギー源として利用していることを示すもので、ヒトで昼間の中頃に起きている現象である。

長期にわたる糖質を含まないタンパク食療法の期間中も呼吸商の概日リズムが持続することは、アッフェルボームとレンベールによって観察されたが、この事実は、生体には、ある時間帯では糖新生を、その他の時間帯では解糖を促進する能力があることを示している。いいかえれば、糖質欠乏状態では、生体は、ある時間帯では糖質を産生する（糖新生）ために他のエネルギー源を利用し、他の時間帯には新たに産生した糖質を燃焼させる（解糖）ことができる。この結果は、絶食させたマウスにおいても肝グリコーゲンの概日リズムが持続することを示したハウスの結果ともよく一致する。

すでに一九二九年にはグリフィスによって、健常成人における呼吸商の概年リズムが報告されている。その結果からは、ヒトでは保有する三種類の貯蔵エネルギー源（糖質、脂質、タンパク質）が、一年のあいだのどの月かによって異なった様式で利用されていると推定される。たとえば、糖質が最も多く《燃焼される》のは、呼吸商が最も高い値を示す夏の中頃から秋の中頃にかけてである。

図15　グルコース経口投与と最高血中インスリン値の概年変動

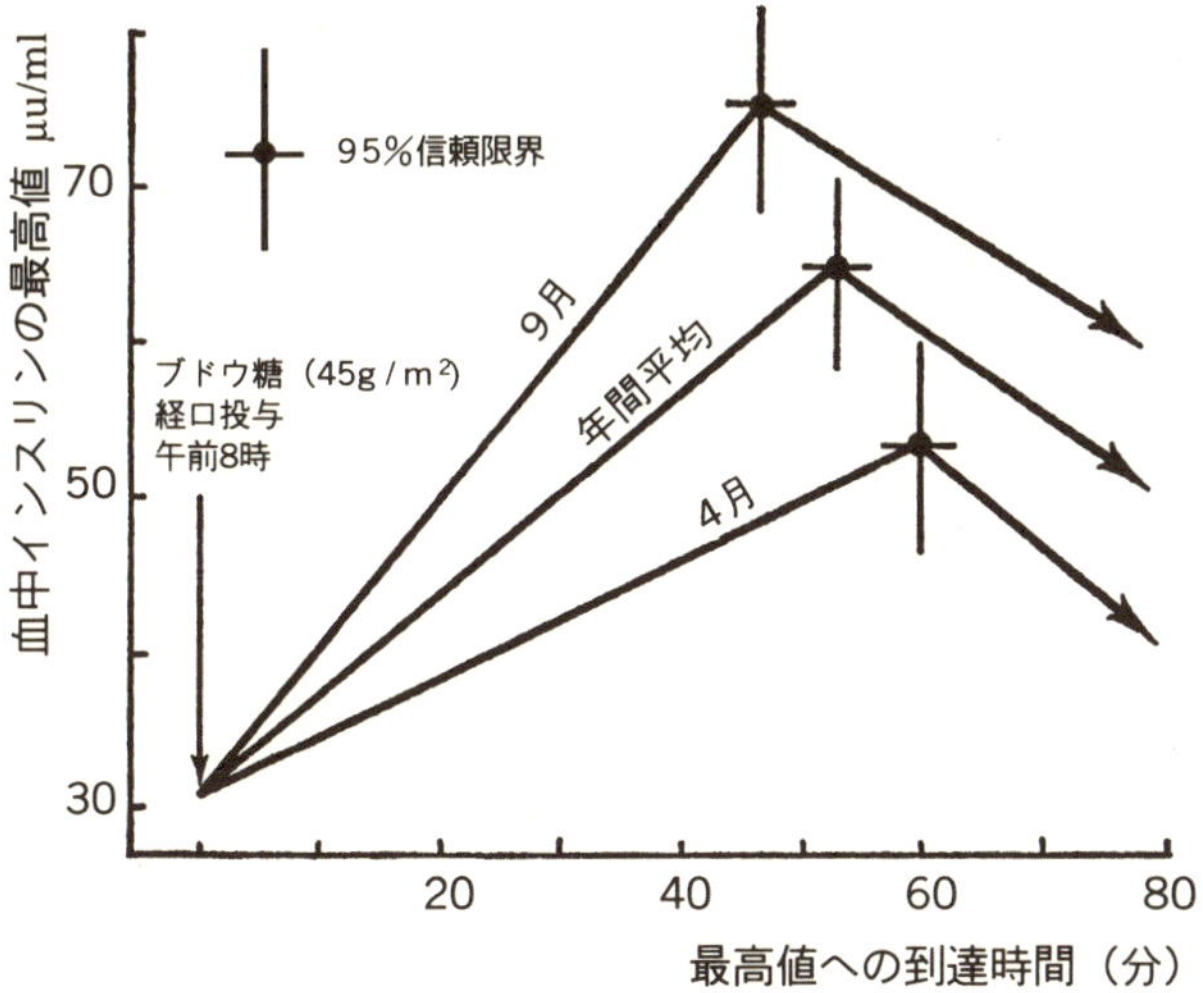

ナンシー市在住の健常成人におけるグルコース経口投与（45g／m²）に対するインスリン応答の特徴を示す血中インスリン濃度（パラメーター）の概年変動(（メジャン，ドゥブリ，レンベールによる）

ヒューストン（米国）のサージェントは、摂食行動の季節リズムはヒトの適応現象の一つであり、冬眠動物にみられる現象にも比較しうるとの考えを主張している。彼によれば、小児の摂食行動は家族や社会文化的な慣習によって《乱れる》ことはなく、冬に備えて食物が入手しやすい夏〜秋に最もよく食物を摂取する必要に応えるようになっているという。

呼吸商、インスリン応答などの季節リズムに関する研究結果は、サージェントのこの仮説を裏づけている。

概日リズムに戻ろう。エネルギー代謝の生物周期性変動には、インスリンのみならず、ホルモン分泌の中でも成長ホルモン、グルカゴン、コルチゾール、テストステロン、カテコールアミンなどのリズム性が関与している。**薬剤と同じように、栄養素の通る代謝経路のすべてが、二四時間スケールにおいて同時に、また同じように開いているわけではない。**そのため、一つにはカロリーの補給源となる摂取した食物は、朝には比較的《浪費される》が、夕方には《節約される》という結果が生じる。たしかに、昼間活動し夜間休息するヒトでは、解糖は午前に優勢となる。だからといって、体重の減量を目指す人びとに、朝食を十分にとり、夕食を少なくするよう勧めるべきであるとの結論は出せない。バザンらは、《量の多い》朝食をとると、その日の夜間に、ある種の脂質代謝産物の血中濃度が著しく上昇することを明らかにした。一方、夕食を十分にとった場合には、その血中濃度の上昇は軽微で許容範囲内にとどまった。朝食を十分にとる習慣によって心血管系疾患（あるいはその他の疾患）の発症リスクが高まるとの仮説があるが、それはある種の脂質の血中濃度が高くなるためで、この種の疾患に罹かりやすい人では朝食は少ないほうがよい。

この例からは、時間栄養学は食物の量的・質的な摂取に関する全体的な対応策というより、むしろ個人一人ひとりに適応した解決方法の提案を目指すものであることが理解されよう。

Ⅶ　時間生理学の労働・休息サイクルの時間変更（交替制勤務・東西飛行）への応用

飛行機でタイムゾーンをいくつか越える東西飛行をする旅行者や、労働時間と休息時間をずらす労働者（いわゆる交替制やシフト制と呼ばれる勤務形態）は、社会生態学的な同調因子の位相変化ΔΨの影響を受ける。ある条件下では、この位相のずれに概日リズムの頂点位相の位相変化Δφが続いて起きる（九一～九三頁参照）。Δφが同じ強度で、同じ方向に続いて起きるためには、ΔΨは約五～六時間でなければならない。ΔΨが四時間以内のときにはその影響は検出できない。したがってここでは、現代人が曝されているΔΨが少なくとも五時間で、変化が急な場合についてのみ述べることにする。徒歩や馬や船を使って旅をした時代はタイムゾーンをゆっくり通過したので、身体は新しい時刻に徐々に適応することができた。

二四時間スケールでの頂点位相の位置を指標にとると、急激な変化ΔΨと新しい時間帯への生体の調整とのあいだには、多少のタイムラグが観察される。実際には、生理的変数の頂点位相がほぼ通常の位置に戻ったとき、同調したと考えられる。この同調に要する時間または速度は、**過渡現象**と呼ばれる生体の一時的な非同期状態で、これにはいくつかの要因が絡んでいる。過渡現象は常に新しい時刻への同調に先行してみられるが、調整速度に影響を与える可能性のある主な要因について、次のことが指摘される。

⑴**調整速度は、同じ個人でも生理的変数によって異なる。**活動・休息交替の例のように、きわめて速やかに同調する生物リズムがある一方で、体温の概日リズムのように遅いものがある。これよりさらに同調が遅れるものには、カリウムの尿中排泄あるいは副腎皮質活動の概日リズムがある。

⑵**新たな時刻への調整時間は。ΔΨの方向によって左右される。**ある特定の生理的変数について、同一の個人では、**調整速度は同調因子の位相が前進した場合より、後退したときのほうが速い。**位相後退はたとえばパリからニューヨークに飛行する場合に、位相前進はこれと逆方向の飛行に相当する。一般に(八五パーセント以上の例で)、東から西への飛行のほうが、西から東への飛行より新たな時刻への同調が速い。この影響は地理的な移動あるいは新しい環境によるものではない。動物(ラットなど)を用い、場

所を変えないで行なった実験から、位相前進より位相後退のあとのほうが同調の速いことが明らかになっている。

⑶**同一種の動物で生理的変数が同一であれば、再同調速度は個体によって異なる。**ユニスらのマウスにおける実験や、レンベールとガータらがヒトで行なった研究が示すように、新たな時刻に迅速に同調する個体がいる一方で、同調の遅いものがいる。これらいくつもの所見は、クライトマン、アショフ、ハルバーグ、ルーテンフランツ、ミルス、カフーン、クライン、シンプソン、フォルカード、モンク、ならびに著者らのグループが行なった研究結果を簡潔にまとめたものである。

したがって、産業医や人間工学者は、次のような問題の解決に向けて努力しなければならない。石油産業、鉄鋼業、パルプ産業などの近代産業の生産技術上の必要性や長距離運送業などのサービス上の理由から、労働・休日サイクルを変更せざるをえない以上、変更が生理的ならびに心理的に受け容れられるよう、その影響をいかにして軽減すべきか[1]? フランスでは一〇〇万人以上の人びとが交替制勤務や夜間勤務に従事していることを強調しておく。さらに、影響は個人レベルにとどまらず、集団レベルでのリスクに及ぶことになる。米国のスリーマイル島やロシアのチェルノブィリ、インドのボパールで起きた重大な産業災害は、夜間に発生している。交通事故もしかり。フランスの《道路交通情報》は、渋滞の少ないことを理由にドライバーを**夜間**の運転に向かわせ、生死の境に追いやるのを一体いつになったら中止するのだろうか？

（1）ヴィユー、ウィスナーなど一部の人間工学者は、厳密な意味での産業上の必要からやむをえない場合を除いて、交替制勤務は容認すべきではないと考えている。石油の精製工程、製鉄所の高炉作業、病院の医療活動、列車の運行、どれも途中で中断することはできない。しかし、機械の減価償却や企業の利益を増大させるための交替制やシフト制の勤務は、はたして認められるだろうか？

交替制勤務も、固定交替制の場合は一般に問題が少ない。継続的に日勤する人に比べ、連続して夜勤する勤労者にとくに問題が多いわけではない。しかし、そうした勤務体制と通常の社会と家庭生活との両立が困難なため、交替制にローテーション・システムが取り入れられた。

交替制勤務に関する決定（各勤務時間帯の労働時間の長さ、勤務時間帯のローテーション速度と順序、交替時刻、休日の割り振り）は、ほとんど経済的、技術的または社会的な観点から行なわれ、生理学的な配慮が加えられることはまれである。実際に《意思決定者》は、労働組合幹部であるか、経営者であるかを問わず、いくつかの例外を除けば、いぜんとして間違っているがゆえに危険な二つの前提を根拠に決定している。一つは、人間は労働時間と休息時間を二四時間スケールで好きなように配分できるという考えであり、二つ目は、人は誰でも交替制勤務者になれるというものである。数多くの実験から、実態はまったく異なることが明らかになっている。能率、疲労という視点からの労働コスト、事故の危険（個人または集団の）などは、二四時間のあいだで変動する。**人間は、どんなことでも、時刻に関係なくいつで**

もできるわけではない。たとえばどの時刻でもよく眠り、よく働き、十分に元気を取り戻すなどということはできない。就労期間中、交替制勤務に完全に適応のできる人びとがいる一方で、数か月あるいは数年後には交替制勤務による障害に悩まされる人びとがいることもまた事実である。一部の人びとは交替制勤務に耐えられるが、それ以外の人びとはまったく耐えることができないか、不完全な形でしか耐えることができない。これは時間生物学的アプローチによって解析すべき現象であり、関係者すべてに情報を提供し、実験的に検証された提案を行なうべきである。

ラポルト、ショウモン、ヴィユー、アンドローエル、ブルドゥロォ、トゥィトゥ、ビカコーワ＝ロシェ、本橋、ミグレーヌ、デュポン、アビュルケル、ニコライ、およびその他の研究者と共同して、著者らは石油産業（シェル・フランス社）の交替制勤務者の概日リズムと新しい勤務割への調整を調べた。実施にあたって直面した難問の最たるものは、四時間ごとに継続的に、勤務中も休息中も同じように繰り返し測定を行なわなければならないことであった。われわれは自己計測に頼ることにして、被験者に体温、両手の握力、血圧などいくつかの測定法や生化学検査ができるよう、四時間ごとの採尿方法などを習得させ、自分で測定してもらうことにした（図16参照）。

図16　労働と休日の時間割変更が交替制勤務者に及ぼす影響

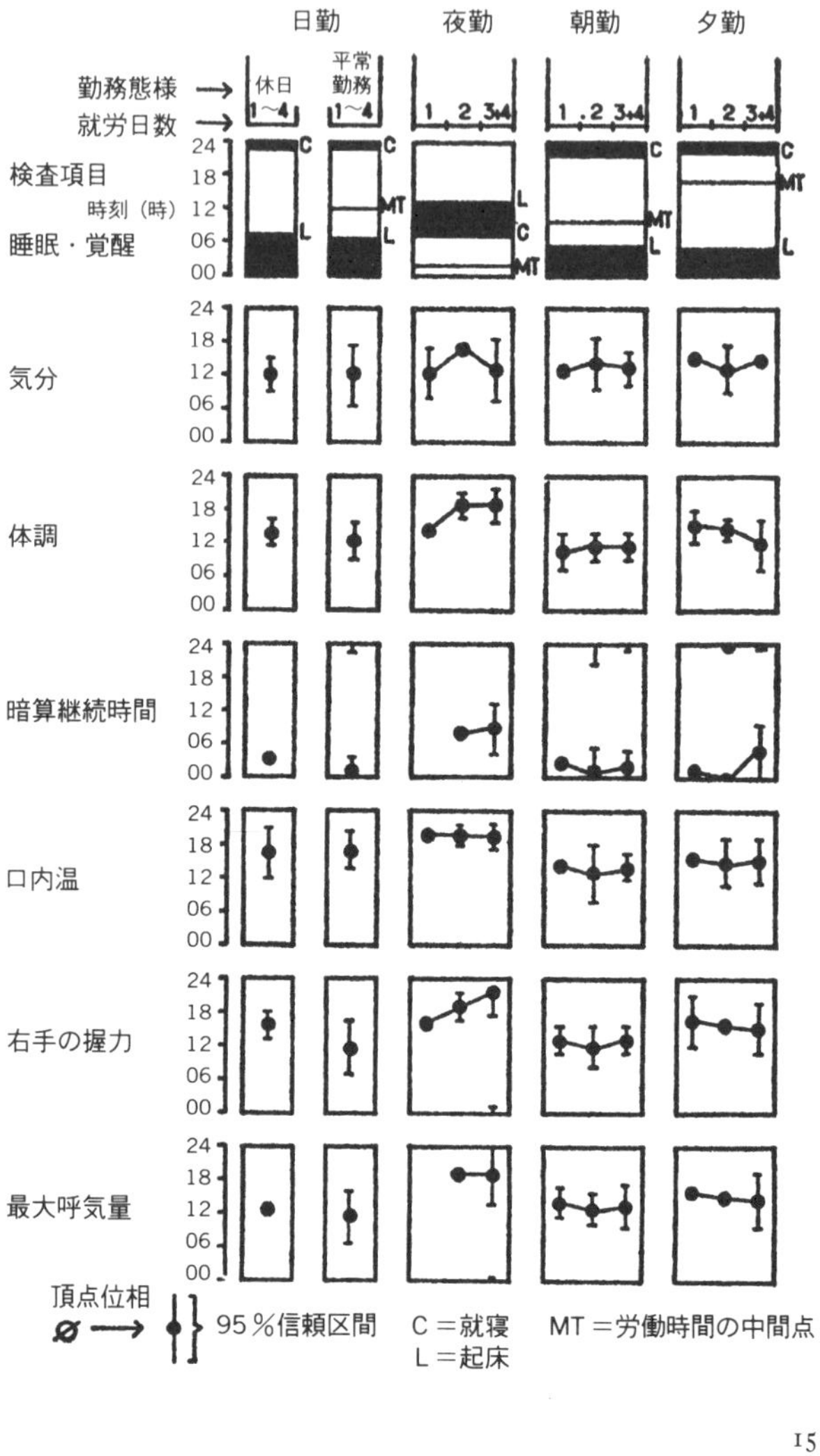

（前頁解説）

勤務時間帯別に頂点位相ϕの位置を確認し，生理的変数および実験状況ごとに横断的に解析した．

石油精製所の作業員で，年令が21～36才（平均26,4才）の健康状態が良好な7人の男性が実験への参加を志願した．参加者は10月から12月のあいだの連続八週間，就業中および家庭での休息中，24時間（睡眠を中断することなしに）6回，定められた時刻（1時，5時，9時，13時，17時，21時）に一連の自己計測を行なった．

参加者には自己計測用の測定機器のほか，気分と疲労の自己評価，暗算テスト，橈骨側脈拍数，口内温，最大呼気量，握力，収縮期血圧の測定結果を記録する一覧表が渡された．参加者のうち5人は，7時45分～16時30分の日勤，21時～6時までの夜勤，6時～13時までの朝勤，13時～21時の夕勤をこの順序で組み込んだ勤務割に従って，平均2年（7か月～3年）前から交替制勤務を続けている．勤務時間帯の変更は3ないし4日ごとに行なわれた（速いローテーション）．他の二人は対照として日勤のみとした．測定値の時系列（15000以上のデータ）は特殊なコンピュータ・ソフトを使い，適切な統計手法（とくにコサイナー法）により処理した．

労働・休息サイクルの時間（社会・生態学的同調因子）の変更$\Delta\Psi$に続いて，生理的リズムの頂点位相ϕ（ϕ＝概日変動の最高値）にずれ$\Delta\phi$が起きた．

速いローテーションでは遅いローテーションより時間構造の混乱が少なかったものの，対象にしたリズムのずれ$\Delta\phi$の調整は不完全なままであった（<8時間）．

勤務時間帯のローテーションを速くした場合のほうが，時間生理学的にはうまく適応しているようにみえる．ローテーションが1週間単位より速い場合，生理的にも社会的にも受け容れられやすいことから，このやり方は検討に値する（レンベール，ヴィユー，ラポルト，ミグレーヌ，ガータ，アビュルケル，デュポン，ニコライ，*Archives des maladies professionelles*, 37, no6, 1976による）．

調整速度、または同じことであるが、勤務時間帯の変化ΔΨに続いて起きる頂点位相のずれΔφの大きさは、なによりも被験者自身によって左右されることがわかった。アショフとウィーファーは、同調因子が存在しない隔離実験では、Δφの大きさは生物リズムの概日振幅Aに依存することを明らかにした。Aが大きければ大きいほど、Δφは小さくなる。われわれはこの現象を交替制勤務者で確認することができた。たとえば、体温の概日リズムの振幅が大きいほど、Δφが小さく、適応が遅くなる。一方、アンドローエルらは、何年にもわたる交替制勤務に耐えられる人びとでは、体温の概日リズムの振幅が大きいことを観察している。

アショフとアンドローエルの観察結果が矛盾しないかどうかを実験的に検証することが重要であった。そこで著者らは、結果を比較するために、交替制勤務への耐性のみが異なるいくつかの被験者群について調べた。不耐性症候群は産業医にはよく知られているものである。勤続年数が数か月から二五年以上と、被験者によって大きな開きがあるものの、睡眠障害、いら立ちやすさ、休息によっても消失しない持続性疲労、消化器障害といった《代償不全》の兆候が現われており、確かな効果もなく睡眠薬やトランキライザーが常用されている。じつのところ、交替制勤務者の不適応を治す効果のある薬剤はまだない。唯一有効な方法はといえば、交替制勤務をやめること、すなわち昼間に活動し夜間睡眠する生活に戻ることである。一方、適応できる人の場合、交替制勤務を三〇年間続けても、健康状態に影響はみられない。

われわれはいくつかの実験から、適応できる人の体温および握力の概日リズムの振幅が大きく、勤務時間帯の変化ΔΨのあと、これらのリズムの頂点位相が徐々に移動することを検証した。逆に、不適応の被験者では、これらの生理的変数の振幅は小さく、Δφは大きい値を示した。あたかも適応できる被験者はきわめて抵抗性の強い時間構造を持っているかのように、いいかえれば、内的脱同調（いくつかの振動体系のあいだの非同期性）をほとんど示さないか、まったく示さないようにみえる。したがって同調因子の操作（ΔΨ）の際に、いくつかの概日リズム（たとえば、体温や握力）の振幅が大きい状態で維持されていることが、長期間の交替制勤務への高い耐性を示す指標の一つといえるかもしれない。

われわれは、症候から交替制勤務の不耐性に非同期状態が関連しているかどうかを調べた。七八人以上の被験者（幅広い年齢層の耐性者、不耐性者、元交替制勤務者）の概日リズムを最低一五日間連続して調べたところ、不耐性者では、常に一つ以上の概日リズム（睡眠・覚醒、体温、右手と左手の握力、心拍数など）のあいだに非同期状態が確認された（次頁、図17参照）。しかしながら、交替制勤務耐性者の中にも、さらには常時の昼間勤務者にも、非同期状態が認められた。同じような結果は、東京で消防士について実施した本橋の研究からも得られている。したがって、非同期状態が不適応障害の必要条件ではあるが、十分条件ではないように思われる。そこで、一部の人は他の人に比べ、非同期状態あるいは過渡期現象

図17　交替制勤務者における4つの概日リズム間の内的脱同調の事例

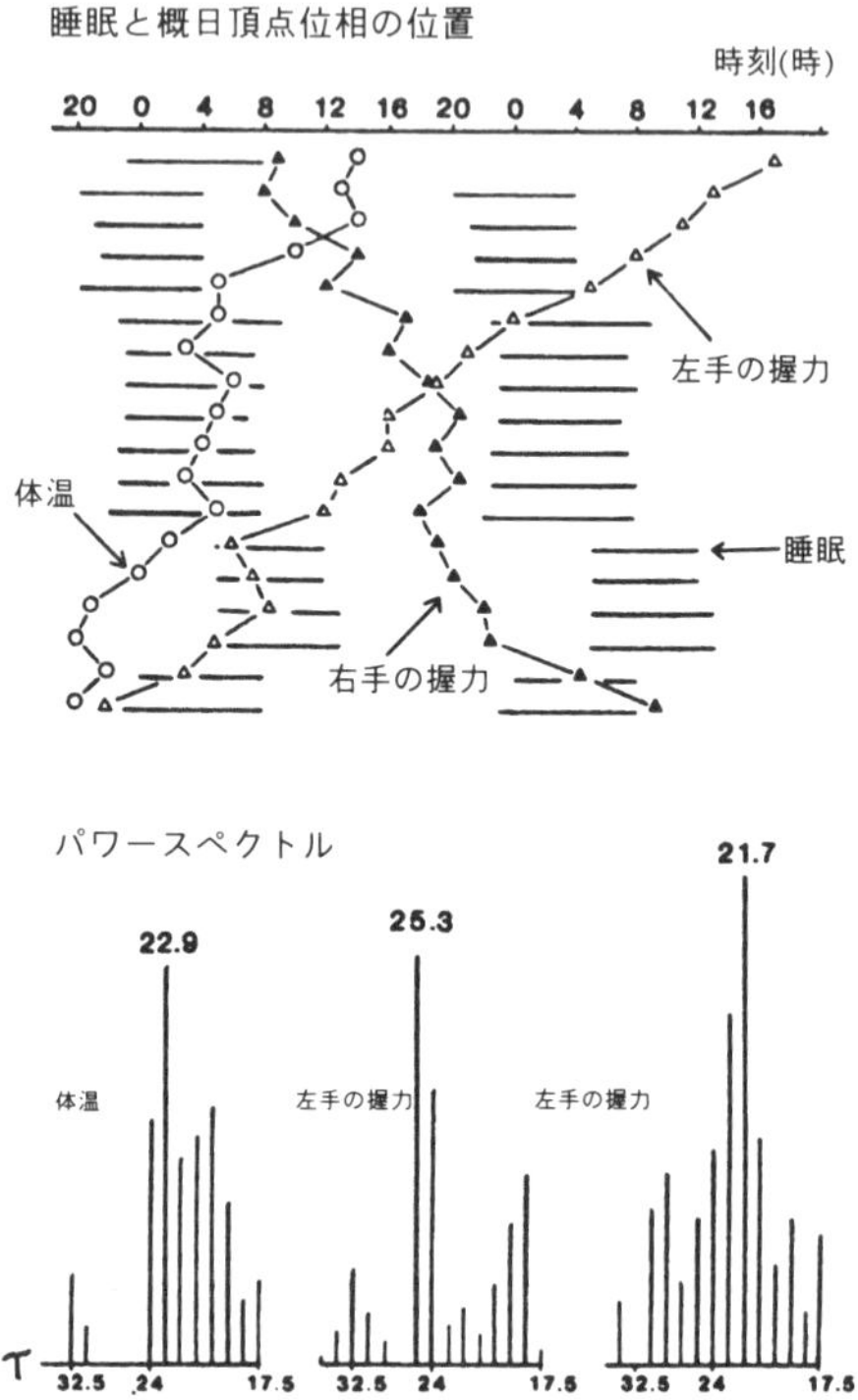

被験者は交替制勤務歴17年の58歳男性．6か月前から重度の不耐性症状を示す．

上図：読取りを容易にするため，二重表示（36時間）されている（上部から下部へ18日間連続）．横軸に平行な線分は，就寝と目覚めとのあいだの睡眠の持続時間および時間的位置を示す．

概日頂点位相（○＝口内温，▲＝右手の握力，△＝左手の握力）は1日ごとに示してある．

下図：同じリズムのパワースペクトル．優勢な概日周期τは睡眠・覚醒リズムでは24時間，体温リズムでは22.9時間，右手の握力リズムでは25.3時間，左手の握力リズムでは21.7時間であった（レンベールら，*CR Acad.Sc.Paris*, 299, 633-636,1984による）．

に対してさえも感受性が高いという新しい仮説が立てられた。

これらの研究から、実際面での重要な問題に対する答えが得られる可能性もある。すなわち、速いローテーション（勤務時間帯を二〜三日あるいは四日間隔で交替する）は、遅いローテーション（通常の一週間ごとに勤務時間帯を替える八時間三交替制）に比べて生理的に優っているかどうか？　二つのタイプのローテーションを経験した交替制勤務者の八〇〜九〇パーセントは、社会・心理学的観点から速いローテーションを好み、時間生物学的な根拠も速いローテーションを支持している。

(1)速いローテーションの際に観察されるΔφは、一週間ごとのローテーションのΔφより小さい。いいかえれば、速いローテーションによって、新しい勤務割への調整と被験者の脱同調が助長されることはない。

(2)ブノワとフォレが交替制勤務者の睡眠を調べたところ（ポリグラフによる記録と質問表を使用）、夜勤のため昼間にとる睡眠には、常に障害が認められた。七夜連続の夜勤によって引き起こされた睡眠障害は、徹夜が二〜四回のみの勤務による障害に比べてより重度で、消失させるのが一層困難であった。

(3)交替制勤務への不耐性の症状が、われわれが考えるように、内的同調のある種の脆弱性に関係しているならば、内的同調を維持するよう努めることが望ましい。この点からも、速いローテーションのほうが一週間ごとのローテーションより望ましいといえる。ヒトの同調を維持するためのもう一つの方法は、海軍で行なわれているように、夜勤のあいだに三〜四時間の睡眠をとらせることである（マイナース）。このようなやり方によって、生理学的にもきわめて興味深い方法で、一週間の交替間隔をさらに短縮することができるかもしれない。

これらの研究から、アシュケナージとレンベールらは基礎的な観点に立って、ヒトの概日リズムの周期に関する遺伝的制御モデルを導きだし、一つまたは一群の生理的変数が、一つではなくいくつもの遺伝子によって制御されている可能性を想定した。通常の同調が起きる条件下では、τ＝二四時間の周期のみが現われ、他は抑制されている。この抑制が解除されると（交替制勤務、薬剤ときにはプラセボ投与などによる）、同じ一つの変数に対し、一つの遺伝子、あるいはτ＜二四時間またはτ＞二四時間といった周期のいくつもの遺伝子が発現するようになる。このようにしてある種の状況、とりわけ交替制勤務の場合に、内的脱同調（または非同期状態）の個人差が現われるものと考えられる。

訳者あとがき

青春時代の一時をともに過ごした旧友、喧噪とした現役生活をともに経験した知人たちの多くがパリを離れて第二の人生を楽しんでいる中で、相変わらずパリ十六区に居を構え、研究室に足を運ぶアラン・レンベール宅のベルを押したのは一九九九年晩夏のことである。久方ぶりの再会に、訳者らへのプレゼントとして用意されていたのが、彼の最近の著書二冊と第七改訂『Les rythmes biologiques (Chronobiologie)』（一九九七年版）であった。

原著者自身が《まえがき》で触れているように、本書の初版が出版されたのはおよそ四〇年前の一九五七年。彼のよき共同研究者であったジャン・ガータとの共著になっていた。当時、「時間生物学」という学問領域はいまだ存在せず、初版のタイトルは『Rythmes et cycles biologiques』であった。アランからの依頼でこれを翻訳出版したのが文庫クセジュ『生命のリズム』（白水社、一九六〇年）である。共著者であったジャン・ガータは、訳者らがパリ在住中、一九八一年十月に五十三歳の若さで他界。第七改訂版はアラン一人による執筆となっている。

第七版は、タイトルが初版と異なるばかりでなく、改訂とはいうものの内容も構成も完全に変わって、初版の面影はほとんどない。改訂を重ねてこうなったのであろうが、実質的には改稿版である。このような理由から、本書を全面的に訳し直し、改訂版ではなく、新版として出版することにした。

原著者、医学博士・理学博士アラン・レンベールは、医学生理学者であり、フランス国立科学研究センター（CNRS）の研究指導教授（Directeur de recherches）である。彼は一九二一年のパリ生まれであるから、二〇〇一年には八十歳。当然公職からは離れているが、アドルフ・ドゥ・ロートシルド財団（Fondation Adolphe de Rothschild）が、彼のために特別に「時間生物学および時間治療研究施設」を提供し、そこで現在も研究活動を続けている。「私が研究を止めるのは、私が死んだ時」と、齢を重ねてなお意気軒昂。本人自身が述べているように、研究者としての生涯の大部分を時間生物学の発展に捧げているが、彼の研究哲学は著書『人間と生物リズム』――時間生物医学序説――（松岡芳隆・松岡慶子共訳、白水社、一九八五年）に、独特の「生物リズム論」として自由奔放に展開されている。

ところで、本書が文庫クセジュの理念に基づき現代知識の焦点として執筆された「時間生物学入門」

であることは原著者が《まえがき》で述べている通りであり、決して専門書ではない。さらに前述したように、原著者は医学生理学者であるから、あくまでその視点からまとめた時間生物学であって、応用面もヒトの時間生物学に焦点を絞って解説している。ここ一〇年来発展しつづけている生物リズムの生化学・分子生物学的研究の成果の記述が少ないのは、背景に原著者の専門の関係もあろうが、この小冊子の限られた紙面上、やむをえなかったのであろう。時計遺伝子に関する初期の研究については本書でも述べられているが、生物リズム発振機構の分子生物学的研究は、とくにここ数年のあいだに急速に発展し、数々の時計遺伝子が同定されるとともに、それらの遺伝子産物（タンパク質）の果たす役割が解明されようとしている。時計遺伝子や分子レベルでのメカニズムに興味のある読者への参考までに、成書として、海老原史樹文・深田吉孝共編『生物時計の分子生物学』（シュプリンガー・フェアラーク、東京、一九九九年）を挙げておこう。

翻訳にあたって、用語はできる限り、日本時間生物学会『時間生物学用語集』（一九九八年）に従ったが、時間生物学がきわめて広範囲の学問領域にわたるため、訳者らの専門領域外では思わぬ誤りを犯しているかもしれない。先学諸賢のご叱正をお願いしておきたい。

なお、本書の初版、文庫クセジュ『生命のリズム』が出版されたのはいまだ時間生物学が確立していない時代であったことから、その内容は現象の記述的研究結果の論述が中心となっている。生物周期現象について当時までに報告された科学的資料を総括し、体系づけたものともいえるが、それゆえに、現在もなおその価値を失っていないように思われる。蛇足ながら付記する。

二〇〇一年九月

訳者

人名索引

ア行
アーレント　J. Arendt　73
アケリス　J. D. Achelis　65
アシュケナージ　Israel Ashkenazi　51, 68, 158
アショフ　J. Aschoff　11, 12, 26, 54, 56, 64, 74,92, 105, 149, 154
アセンマッシェル　Ivan Assenmacher　39, 59, 71, 84, 90
アッフェルボーム　M. Apfelbaum　31（図2C）, 64, 135, 137, 139, 144
アビュルケル　Ch. Abulker　151, 153（図16）
アラール　H. Allard　79
アルヴァニタキ　A. Arvanitaki　88
アンドローエル　P. Andlauer　151, 154
アンビュルジェ　Christian Hamburger　59
イェレス　A. Jöres　12
ウィーファー　R. A. Wever　54, 74, 90, 154
ウィスナー　Wissner　150
ウィンフリー　A.T. Winfree　95
ウェール　T.A. Wehr　113
ヴィユー　N.Vieux　93, 150, 151, 153（図16）
ヴィルズ＝ジュスチス　A. Wirz-Justice　71, 113, 127
ヴィレ　J. J. Virey　11, 12, 68
ヴチレネン　A. Voutilainen　114
エーレ　Ch. Ehret　99
エドマンズ　L. Edmunds　12, 28, 99, 100
エンゲル　R. Engel　109
エンゲルマン　T.G. Engelmann　65
オラニエ　M. Ollagnier　126
オルタヴォン　R. Ortavant　87, 88, 104

カ行
カチャルスキー　Aron Katchalski　98
カフーン　W. P. Colquhoun　149
カルド　H. Cardot　46, 47
カンギレーム　B. Canguilhem　59
カンドル　⇒ドゥ・カンドル
カンバー　J. Cambar　118
ガータ　Jean Ghata　3, 15（図1）,19（表1）, 31（図2C）, 38, 40（図6）, 47, 149, 153（図16）, 159
ガードナー　Gardner　143
ガーナー　W. Garner　79

キャノン　W. B. Cannon　96
ギエ　P. Guillet　132
クノォ　P. M. Queneau　131（図14）
クライトマン　N. Kleitman　19（表1），56, 65, 149
クライン　K. E. Klein　92, 149
クランシュ　J. Clench　124（図12）
クリーガー　D. T. Krieger　61, 62
クリプキ　D. Kripke　113, 114
クローズ　M. Croze　131（図14）
グアール　Gouard　90
グリフィス　F. R. Grifith　144
ケイロス　O. Queiroz　53, 81, 98
ケゼル　Ch. Kayser　59
ケルデルエ　B. Kerdelhué　38
ケンダイト　Kendeight　85
ゲルナー　Gölner　58
ゲルン　W. A. Gern　84
コノプカ　R. J. Konopka　11, 49
コラン　J. P. Collin　73
ゴートリー　M. Gautherie　19（表1），114
ゴス　Richard Goss　90
ゴセット　W. S. Gosset　20
ゴルセックス　A. Gorceix　113
ゴッフ　Goff　90

サ行
サージェント　F. Sargent　135, 136, 146
サックス　Sachs　53
サックス＝プラントル　Sachs-Prantl　36
ザルツマン　F. G. Sulzman　100
シッソン　Sisson　56
シュワイガー　E. Schweiger　12, 28, 99
ショウモン　A. J. Chaumont　93, 151
ショサ　C. Chossat　137
シンプソン　Hugh Simpson　89, 114, 149
ジェルヴェ　Pierre Gervais　115, 132, 111（図9）
ジェレブゾフ　S. Jérebzoff　33, 99
ジグモンド　M.J. Zigmond　141
ジャクソン　F. R. Jackson　49
ジャレット　R. J. Jarrett　142
ジューヴェ　M. Jouvet　51
ジョンソン　M. S. Johnson　68

ジョベール　J. G. Jaubert　131（図14）
スウィーニィ　B. M. Sweeney　28, 58, 99, 100
スケヴィング　Lawrence E. Scheving　36, 51, 61, 117, 139
スチューデント　Student　20
ステファン　F. K. Stephan　11, 68
スモレンスキー　Michael H. Smolensky　13, 38, 104,109, 114, 115, 118
セルコフ　E. E. Selkov　99

タ行
ターチ　E. Tähti　114
チャンス　Chance　98
デイヴィ　J. Davy　10
デプリンス　J. De Prins　12, 17, 21
デボナドンナ　J. F. De Bonnadonna　131（図14）
デュアメル・デュ・モンソー　H. L. Duhamel du Monceau　10
デュポン　J. Dupont　151, 153（図16）
デュポン　W. Dupont　38
トゥイトゥ　Yvan Touitou　13, 22, 31（図2C）, 38, 40（図6）, 41, 43, 45, 51, 132, 151
トゥルソォ　A. Trousseau　109, 115
ドゥ・カンドル　A. P. de Candolle　10, 26
ドゥクズ　H. A. Decousus　125, 130, 131（図14）
ドゥ・メラン　⇒ドォルトゥ・ドゥ・メラン
ドゥブリ　G. Debry　19（表1）,136, 143, 145（図15）
ドレー　F. Dray　19（表1）, 31（図2C）, 136, 143
ドォルトゥ・ドゥ・メラン　J. J. dOrtous de Mairan　10, 26, 53

ナ行
永井克也　135
ニコライ　A. Nicolaï　151, 153（図16）
ニコラウ　Gaziella Nicolau　41, 45
ニュス　Njus　100
ニリュス　P. Nillus　64

ハ行
ハイム　A. Haim　65
ハウス　Erhard Haus　13, 22, 30（図2B）, 35（図5）,34, 36, 38, 41, 45, 117, 118, 143, 144
ハマー　Hammer　80
ハリソン　J. Harrison　10
ハルバーグ　F. Halberg　11, 12, 16, 19（表1）, 26, 38, 55（図7）, 56, 92, 114, 117, 119（図10）, 149

バーカル　R. Barcal　51
バーバゾン　H. Barbason　34
バイヨー　L. Baillaud　36
バザン　R. Bazin　146
バルジェロ　T. A. Bargiello　11, 49
パーマー　J. Palmer　10
パルムリー　Palmelee　56
ヒルデブラント　G. Hildebrandt　13
ビカコーワ＝ロシェ　A. Bicakova-Rocher　113, 151
ビュニング　E. Bünning　11, 26, 48, 53, 54, 68, 80, 81, 86
ピッテンドリ　C. S. Pittendrigh　12, 26, 86
ピルソン　Pirson　58
ファーナー　D. S. Farner　84
ファン・コーター　E. Van Cauter　22, 19（表1）
ファンデルポール　Van der Pol　94
ファンデン・ドリッシェ　Thérèse Vanden Driessche　12, 28, 33（図4）, 99, 100
フィッシャー　L. B. Fischer　143
フィリペンス　K. Phillippens　139
フィンガー　Finger　90
フェッサール　A. Fessard　46, 47
フェルドマン　J. F. Feldman　11, 33, 49
フェレ　C. Féré　108
フォルカード　S. Folkard　75, 149
フォレ　J. Forêt　157
フォン・マイヤースバッハ　Heinz von Mayersbach　34, 59, 103
フライスナー　Gunther & Gerta Fleissner　73
フラタンスカ　Fratanska　64
ブノワ　J. Benoit　59, 84, 85
ブノワ　O. Benoit　157
ブラオウ　Blaauw　108
ブリュゲロール　B. Bruguerolle　126
ブルース　V. G. Bruce　48
ブルドゥロォ　P. Bourdeleau　151
プティ　E. Petit　125
ペッファー　W. Pfeffer　11, 26, 53
プフルク　Pflug　113
プリゴジン　Ilya Prigogine　98
ヘィスティングス　J. W. Hastings　12, 28, 50, 53, 99, 100
ヘルブリュッゲ　T. Hellbrügge　13, 56, 62, 135
ベルナール　Claude Bernard　96
ベロンジェ　P. M. Bélanger　118, 123

ペッペル　Pöppel　64
ペトレ=カデンズ　Petre-Quadens　57
ペルティエ　J. Pelletier　87
ペルポアン　B.M. Perpoint　131（図14）
ペングレー　E. T. Penngelley　59
ホイヘンス　C. Huygens　10
ホシザキ　Hoshikzaki　80
ホフマン　K. Hoffmann　10, 56, 64
ホルヴィッチ　Hollvitch　62
ボアッサン　J. Boissin　90
ボウ　J. Beau　51
ボウ　M. Beau　108
ボウエン　A. J. Bowen　142

マ行

マーチン　C. Martin　10
マーラー　J. E. Muller　109
マイナース　D. Minors　158
マイヤースバッハ ⇒フォン・マイヤースバッハ
マナカー　M. Manaker　84
マルグレス　D. L. Margules　135
マルタン・デュパン　R. Martin du Pan　56
マルチネ　L. Martinet　87
マンソン　P. Manson　109
ミグレーヌ　C. Migraine　136, 151, 153（図16）
ミコル　F. Mikol　109
ミラルデ　Millardet　53
ミルーズ　J. Mirouze　143
ミルス　J. N. Mills　90, 149
ミレー　B. Millet　36
ムーア=イド　M. Moore-Ede　43, 66, 67
ムーア　R. Y. Moore　11, 68
メェラーストレム　K. Möllerström　12
メジャン　L. Méjean　143, 145（図15）
メラン　⇒ドォルトゥ・ドゥ・メラン
メルチャース　Melchers　81
メンツエル　W. Menzel　12
モンク　T. Monk　76, 149
モンジュ　M. F. Monge　109
本橋　豊　75, 151, 155

ヤ行

ラ行

ワ行

参考文献

Aschoff J (Ed), *Handbook of Behavioral Neurobiology*, vol. 4, London Plenum Publ. Corp., 1981.

Assenmacher I., Farner D. S. (Eds), *Environmental Endocrinology*, New York, Springer Verlag, 1978.

Benoit O., *Physiologie du sommeil*, Paris, Masson, 1984.

Beugnet-Lambert C., Lancry A., Leconte P., *Chronopsychologie*, Lille, Presses Universitaires de Lille, 1988.

Bruguerolle B., Données récentes en chronopharmacocinétique, *Path. Biol, 35*, 1987, 925-934.

Bünning E., *Die physiologische Uhr*. Berlin, Springer Verlag, 1963.

Cambar J., Dorian C., Cal J. Ch., Chronobioiogie et physiopathologie rénale, *Path. Biol.*, 35, 1987. 977-984.

Collin J. P., Arendt J., Gem W. A., Le troisième œil, *La Recherche, 19,* 1988, 1154-1165.

Decousus H., Ollagnier M., Jaubert J., Perpoint B., Hocquart J., Queneau P., Rythmes biologiques et maladie thromboembolique, *Path. Biol., 35*. 1987, 985-990.

Edmunds L. N. Jr., *Cell cycle clocks*. New York, Marcel Dekker Inc., 1985.

Edmunds L. N. Jr., *Cellular and Molecular Bases of Biological Clocks*. New York, Springer Verlag, 1988.

Folkard S., Monk T. H., *Hours of Work*, Chichester, John Wiley & Sons, 1985.

Fraisse P., *Psychologie du rythme*. Paris, Presses Universitaires de France, 1974.

Goodwin F., Wehr T. (Eds). *Circadian Rhythms in Psychiatry*. California, Boxwood Press, 1982.

Halaris A. (Ed.), *Chronobiology and Psychiatric Disorders*, Amsterdam, Elsevier Science Publ., 1987.

Halberg F., Reinberg A., Rythmes circadiens et rythmes de basses fréquences en physiologie humaine, *J. Physiol. (paris)*, *59*, 1967, 117-202.

Hastings W., Schweiger H. G. (Eds), *The Molecular Basis of Circadian Rhythms, Dahlem Konferenzen,* Berlin, W. Germany, Abakon, 1976.

Haus E., Nicolau G. Y., Lakatua D., Sackett-Lundeen L., Reference values for chronopharmacology. *Ann. Rev. Chronopharmacol., 4*. 1988, 333-425.

Konopka R. J., Genetics of biological rhythms in Drosophila. *Ann. Rev. Genet.*, 21, 1987, 227-236.

Labrecque G., Bélanger P.-M., Mécanismes fondamentaux de la chrono-

pharmacologie, *Path. Biol., 35,* 1987, 917-923.

Lemmer B. (Ed.), *Chronopharmacology, Cellular and Biochemical Interactions,* New York, Marcel Dekker, Inc., 1989.

Mayersbach H. von (Ed.), *The Cellular Aspects of Biorhythms*, Berlin, Springer Verlag, New York, Heidelberg, 1965.

Meijer J. H., Rietveld W. J., The neurophysiology of the suprachiasmatic circadian pacemaker in rodents, *Physiol. Rev.*, 1989.

Minors D. S., Waterhouse J. M. (Guest editors), Masking and biological rhythms, *Chronobiol. Internat., 6,* 1989, 1102.

Moore R. Y., Retinohypothalamic projection in mammals : a comparative stu dy, *Brain Research, 49,* 1973, 403-409.

Moore-Ede M. C., Sulzman F. M., Fuller C. A., *The Clocks That Time Us,* Cambridge, Mass. Harvard Univ. Press, 2e éd., 1982.

Ortavant R., Pelletier J., Ravault J.- P. (Eds), *Photopériodisme et reproduction chez les Vertébrés*, Instit, nat. rech. agronom., Versailles, 1981.

Palmer J. D. (Ed.), *An Introduction to Biological Rhythms*, New York, Academic Press, 1976.

Reinberg A., Halberg F., Circadian chronopharmacology, *Ann. Rev. Pharmacol., 11,* 1971, 455-492.

Reinberg A., Labrecque G., Smolensky M., New aspects in chronopharmacology, *Ann. Rev. Chronopharmacol., 2*, 1986, 3-26.

Reinberg A., Motohashi Y., Bourdeleau P., Andlauer P., Lévi F., Bica-kova-Rocher A., Alteration of period and amplitude of circadian rhythms in shift workers, *Eur. J. Appl. Physiol., 57*, 1988, 15-25.

Reinberg A., Smolensky M. H., *Biological Rhythms and Medicine,* New York, Springer Verlag, 1983.

Reinberg A., Concepts in chronopharmacology, *Ann. Rev. Pharmacol. Toxicol.,* 32, 1992, 51-66.

Rensing L., an der Heiden U. Mackey M. C., *Temporal Disorders in Human Oscillatory Systems,* Berlin, Springer Verlag, 1987.

Rensing L. (Ed.), *Oscillations and morphogenesis*, New York. Marcel Dekker, 1992.

Smolensky M. H., *Chronobiology and epidemiology, Path. Biol., 35,* 1987, 991-1004.

Smolensky M. H., Panstenbach D. J., Scheving L. E., *Biological rhythms, shift work and occupational health. Patty's Industrial Hygiene and Toxicology*, L. & L. Cralley Eds, 2e éd., vol. 3B. London, John Wiley & Sons, 1985, 175-312.

Stephan F. K, and Zucker I., Circadian rhythms in drinking behavior and locomotor activity of rats are eliminated by hypothalamic lesions, *Proc. Nat. Acad. Sci. (Wash.), 69,* 1972, 1583-1586.

Sweeney B. M., *Rhythmic Phenomena in Plants,* San Diego, Cal., Academic Press Inc., 2e éd., 1987.

Touitou Y., Le vieillissement des rythmes biologiques chez l'homme, *Path. Bial., 35,* 1987, 1005-1012.

Touitou Y., Haus. E. (Eds), *Biological rhythms in clinical laboratory and medicine,* New York, Springer Verlag, 1992.

Vanden Driessche Th. (Ed.), *Membranes and Circadian Rhythms.* Berlin, Springer Verlag, 1996.

Vener K., Moore J. G., Szabo S. (Guest Editors), Chronobiology and ulcerogenesis, *Chronobial. Internat., 4,* 1987, 1-122.

Weitzman E. D., Sleep and its disorders. *Ann. Rev. Neurosc., 4,* 1981. 381-417.

Wirz-Justice A., Circadian rhythms in mammalian neurotransmitter receptors, *Prog. Neurobiol., 29,* 1987. 219-259.

Young M. W. (Ed.), *Molecular Genetics of Biological Rhythms,* New York, Marcel Dekker, 1992.

訳者略歴
松岡芳隆
一九五三年北海道大学農学部卒　生物化学専攻
元玉川大学教授（農学部）
農学博士
主要著書
「新生化学」上・下巻（分担執筆共著）
主要訳書
レンベール「人間と生物リズム」——時間生物医学序説（共訳）
ドニケル「向精神薬の話」（共訳）
レンベール・ガータ「生命のリズム」（共訳）
ストルコウスキー「カルシウムと生命」（共訳）

松岡慶子
一九五八年富山大学薬学部卒　薬理学専攻
日本大学薬学部非常勤講師
主要訳書
レンベール「人間と生物リズム」——時間生物医学序説（共訳）
ドニケル「向精神薬の話」（共訳）
レンベール・ガータ「生命のリズム」（共訳）
ストルコウスキー「カルシウムと生命」（共訳）

時間生物学とは何か

二〇〇一年一〇月一五日　印刷
二〇〇一年一〇月三〇日　発行

訳　者© 松《まつ》岡《おか》芳《よし》隆《たか》
　　　　松《まつ》岡《おか》慶《けい》子《こ》
発行者　川村雅之
発行所　株式会社　白水社
東京都千代田区神田小川町三の二四
電話　営業部　〇三（三二九一）七八一一
　　　編集部　〇三（三二九一）七八二一
振替　〇〇一九〇-五-三三二二八
郵便番号　一〇一-〇〇五二
http://www.hakusuisha.co.jp

平河工業社

ISBN 4-560-05844-X

Printed in Japan

Q 自然科学

Q 社会科学

129 商業の歴史
278 ラテン・アメリカの経済
296 ユーモア
318 ふらんすエチケット集
357 売春の社会学
395 民間航空
396 性関係の歴史
402 性関係の社会学
408 都市と農村
423 インド亜大陸の経済
441 東南アジアの経済
457 図書館
483 社会学の方法
551 結婚と離婚
553 老年の社会学
560 インフレーション
595 大気汚染
614 平和の構造
616 中国人の生活
632 ヨーロッパの政党
645 書誌
650 外国貿易
654 女性の権利
667 付加価値税
672 大恐慌
681 教育科学
693 国際人道法
695 人種差別
698 開発国際法
715 スポーツの経済学
717 第三世界
725 イギリス人の生活
737 EC市場統合
740 フェミニズムの世界史
744 社会学の言語
746 労働法
786 ジャーナリストの倫理
787 象徴系の政治学
792 社会学の基本用語
796 死刑制度の歴史
824 トクヴィル

Q 哲学・心理学・宗教

1 知能
9 青年期
13 実存主義
25 マルクス主義
52 精神力とは何か
95 性格学
107 世界哲学史
114 プロテスタントの歴史
115 精神分析
149 カトリックの歴史
193 哲学入門
196 道徳思想史
199 秘密結社
228 言語と思考
236 感覚
248 妖術
252 神秘主義
326 プラトン
362 ヨーロッパ中世の哲学
368 原始キリスト教
374 現象学
400 ユダヤ思想
401 エジプトの神々
415 新約聖書
417 デカルトと合理主義
426 プロテスタント神学
438 カトリック神学
444 旧約聖書
459 現代フランスの哲学
461 新しい児童心理学
464 人間関係
468 構造主義
474 無神論
480 キリスト教図像学
487 ソクラテス以前の哲学
499 カント哲学
500 マルクス以後のマルクス主義
512 ルネサンスの哲学
519 発生的認識論
520 アナーキズム
523 思春期
525 錬金術
535 占星術
542 ヘーゲル哲学
546 異端審問
550 愛
576 キリスト教思想
592 秘儀伝授
594 ヨーガ
607 東方正教会
625 異端カタリ派
663 創造性
680 ドイツ哲学史
697 オプス・デイ
702 精神分析と文学
704 トマス哲学入門
707 仏教
708 死海写本
710 心理学の歴史
722 薔薇十字団
723 インド教
726 ギリシア神話
733 死後の世界
738 医の倫理
739 心霊主義
742 ベルクソン
745 ユダヤ教の歴史
749 ショーペンハウアー
751 ことばの心理学
754 パスカルの哲学
762 キルケゴール
763 エゾテリスム思想
764 認知神経心理学
768 ニーチェ
773 エピステモロジー
778 フリーメーソン
779 ライプニッツ
780 超心理学
783 オナニズムの歴史
789 ロシア・ソヴィエト哲学史
793 フランス宗教史
802 ミシェル・フーコー
807 ドイツ古典哲学
809 カトリック神学入門
818 カバラ